ZEITSCHRIFT FÜR MIKROELEKTRONIK COMPUTERTECHNIK INFORMATIK

MP

Heft 7 · 1989

Mikroprozessortechnik

VEB Verlag Technik Berlin
ISSN 0232-2892

LFM '89

MM '89
FLEXIBLE AUTOMATION

außerdem:

Logikanalyse des 8086/88

Logischer Entwurf von Datenbanken

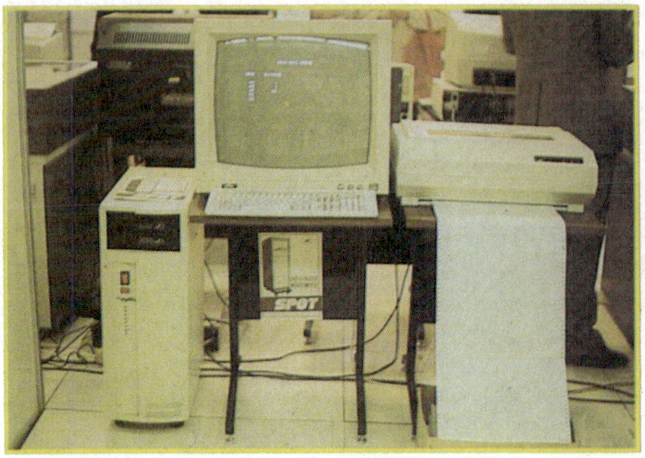

1 *Prozeßrechnersystem Minispot*

2 *Schaltkreisentwurfssystem ARCHIMEDES*

3 *Terminal K 8919.11 mit Programmsystem UMSCHA*

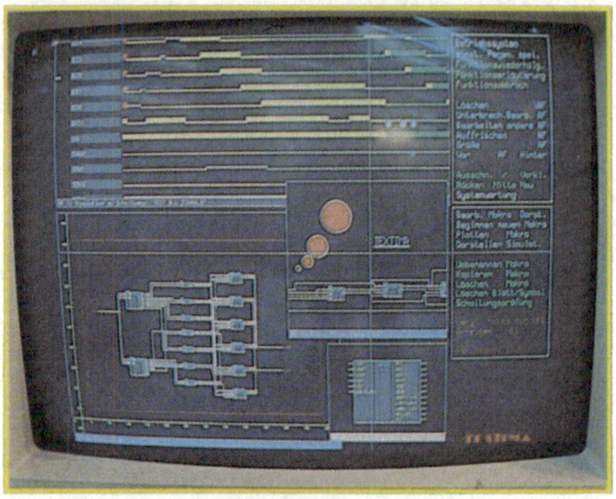

4 *Grafischer Schaltungseditor TEXgraf*

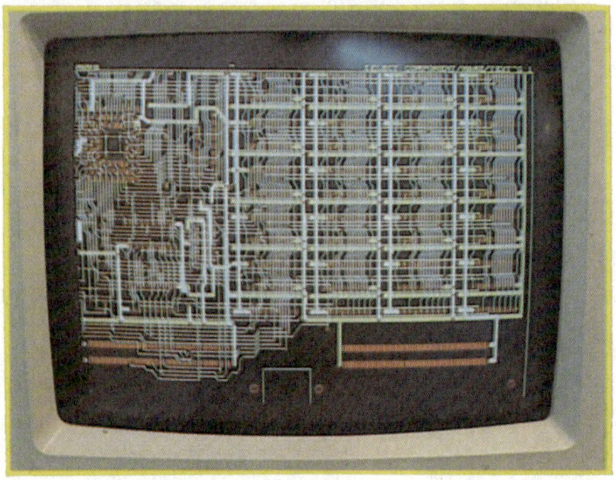

5 *Leiterplattenentwurfssystem PCLES*

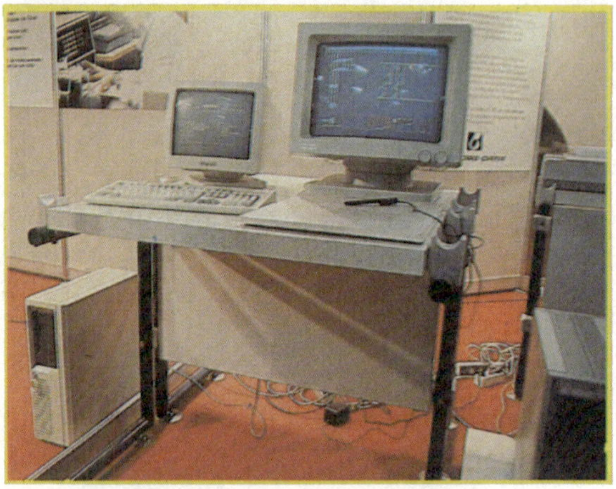

6 *CAD/CAM/CAE-Workstation datagraph Starstation*

7 *Tektronix-Farbgrafikterminal Tek GS 4211*

8 *Siemens CADIS*

Lesen Sie hierzu unseren Bericht von der LFM '89

Zeitschrift für Mikroelektronik · Computertechnik · Informatik
3. Jahrgang · ISSN 0232–2892

Mikroprozessortechnik, Heft 7 · 89

Herausgeber Kammer der Technik, Fachverband Elektrotechnik

Verlag VEB Verlag Technik, Oranienburger Str. 13/14, DDR – 1020 Berlin; Telegrammadresse: Technikverlag Berlin; Telefon: 28700, Telex: 011 2228 techn dd

Verlagsdirektor Klaus Hieronimus

Redaktion Hans Weiß, Verantwortlicher Redakteur (Tel. 2870371); Redakteure: Herbert Hemke (Tel. 2870203), Hans-Joachim Hill (Tel. 2870209); Sekretariat Tel. 2870381

Gestaltung Christina Bauer

Lizenz-Nr. 1710 des Presseamtes beim Vorsitzenden des Ministerrates der Deutschen Demokratischen Republik

Gesamtherstellung Druckerei Märkische Volksstimme Potsdam

Redaktionsschluß 10. Mai 1989

AN (EDV) 49837

Erscheinungsweise monatlich 1 Heft

Heftpreis 5,– M, Abonnementspreis vierteljährlich 15,– M; Auslandspreise sind den Zeitschriftenkatalogen des Außenhandelsbetriebes BUCHEXPORT zu entnehmen.

Bezugsmöglichkeiten
DDR: sämtliche Postämter; *SVR Albanien:* Direktorije Quendrore e Perhapjes dhe Propaganditit te Librit Rruga Konference e Pezes, Tirana; *VR Bulgarien:* Direkzia R.E.P., 11a, Rue Paris, Sofia; *VR China:* China National Publications Import and Export Corporation, West Europe Department, P.O. Box 88, Beijing; *ČSSR:* PNS – Ustředni Expedicia a Dovoz Tisku Praha, Slezská 11, 120 00 Praha 2, PNS, Ústredna Expedicia a Dovoz Tlače, Pošta 022, 885 47 Bratislava; *SFR Jugoslawien:* Jugoslovenska Knjiga, Terazija 27, Beograd; Izdavačko Knjižarsko Produzeće MLADOST, Ilica 30, Zagreb; *Koreanische DVR:* CHULPANMUL Korea Publications Export & Import Corporation, Pyongyang; *Republik Kuba:* Empresa de Comercio Exterior de Publicaciones, O'Reilly No. 407, Ciudad Habana; *VR Polen:* C.K.P.i.W. Ruch, Towarowa 28, 00-958 Warszawa; *SR Rumänien:* D.E.P. Bucureşti, Piaţa Scînteii, Bucureşti; *UdSSR:* Sämtliche Abteilungen von Sojuzpečat' oder Postämter und Postkontore; *Ungarische VR:* P.K.H.I., Külföldi Elöfizetési Osztály, P.O. Box 16, 1426 Budapest; *SR Vietnam:* XUNHASABA, 32, Hai Ba Trung, Há Nôi; *BRD und Berlin (West):* ESKABE Kommissions-Grossobuchhandlung, Postfach 36, 8222 Ruhpolding/Obb.; Helios-Literatur-Vertriebs-GmbH, Eichborndamm 141–167, Berlin (West) 52; Kunst und Wissen Erich Bieber OHG, Postfach 46, 7000 Stuttgart 1; Gebrüder Petermann, BUCH + ZEITUNG INTERNATIONAL, Kurfürstenstraße 111, Berlin (West) 30; *Österreich:* Helios-Literatur-Vertriebs-GmbH & Co. KG, Industriestraße B 13, 2345 Brunn am Gebirge; *Schweiz:* Verlagsauslieferung Wissenschaft der Freihofer AG, Weinbergstr. 109, 8033 Zürich; *Alle anderen Länder:* örtlicher Fachbuchhandel; BUCHEXPORT Volkseigener Außenhandelsbetrieb der Deutschen Demokratischen Republik, Postfach 160, DDR – 7010 Leipzig und Leipzig Book Service, Talstraße 29, DDR – 7010 Leipzig

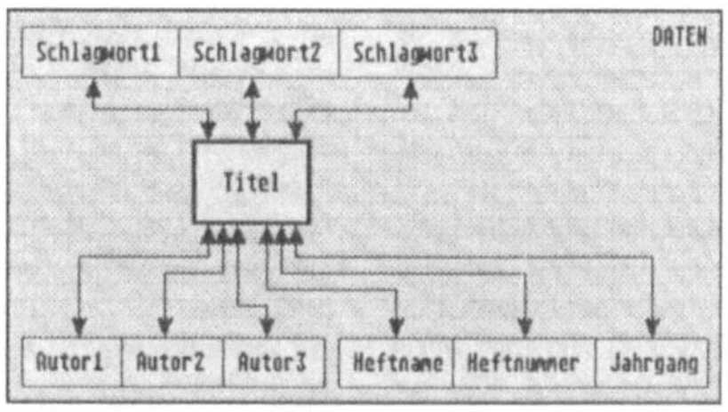

Unter dem Titel „Logischer Entwurf von Datenbanken" werden auf der **Seite 195** die Probleme beim logischen Strukturieren von Datenbanken dargestellt. Es wird gezeigt, wie Datenelemente so zu Datengruppen zusammengefaßt werden können, daß die entstehenden Datenstrukturen stabil und nicht anfällig gegenüber Änderungen sind.

Mit der Entwicklung leistungsfähiger Personalcomputer und des Laserdruckers zum Tischgerät wurde ein neues Einsatzgebiet für PCs möglich: das Desktop Publishing (Publizieren auf dem Schreibtisch).
Zum DTP gehören Eingabe und Verarbeitung von Text und Bildern sowie die Ausgabe von gestalteten Seiten für Dokumentationen, Prospekte und ähnliches auf hochauflösenden Druckern. Näheres zu diesem relativ neuen Einsatzgebiet finden Sie auf der **Seite 199.**

Der erste Teil unseres Berichtes von der LFM '89 auf der **Seite 221** konzentriert sich auf das Gebiet des rechnergestützten Entwurfs sowie auf die Computertechnik, die nicht CAD/CAM-spezifisch ist. Der zweite Teil in MP 8/89 wird über neue Bauelemente und periphere Hardware sowie über weitere Softwareangebote informieren.

Inhalt

Vorschau

Für MP 8/1989 bereiten wir für Sie Beiträge zu folgenden Themen vor:
- Kopplung von Rechnern unter UNIX
- Diskrete Fouriertransformation und digitale Signalverarbeitung

Erweiterung der Zusammenarbeit in der Elektronik beraten

Die Realisierung des Komplexprogramms des wissenschaftlich-technischen Fortschritts der RGW-Mitgliedsländer bis zum Jahre 2000 stand im Mittelpunkt der 3. Tagung des RGW-Komitees für Zusammenarbeit auf dem Gebiet der Elektronisierung Anfang April in Prag. Dabei wurden entsprechend dem Auftrag der 44. Ratstagung des RGW die erforderlichen Schritte zur weiteren Verbesserung der Deckung des Bedarfs an Bauelementen und anderen mikroelektronischen Erzeugnissen beraten. Außerdem stimmten die Teilnehmer Maßnahmen zur Beschleunigung von Entwicklung und Produktion moderner Erzeugnisse der elektronischen Nachrichtentechnik für den Zeitraum bis 1995 ab. Dabei geht es um einen höheren Beitrag sowie um die effektive Nutzung der Entwicklungs- und Produktionskapazitäten aller RGW-Länder, damit den Volkswirtschaften entsprechend ihren wachsenden Erfordernissen mehr elektronische Technik bereitgestellt werden kann. *ADN*

Erster gemeinsamer Betrieb der UdSSR und der DDR

Ein Abkommen zur Gründung eines gemeinsamen Betriebes der DDR und der UdSSR wurde während der Leipziger Frühjahrsmesse vom Minister für Elektrotechnik und Elektronik der DDR, Felix Meier, und dem sowjetischen Minister für Gerätebau, Automatisierungsmittel und Steuerungssysteme, M. Schkabardnja, geschlossen. Das gemeinsame deutsch-sowjetische Unternehmen soll ein *Wissenschaftliches Produktionszentrum zur Entwicklung, Lieferung und Wartung von Software* sein. Auch Datenverarbeitungssysteme werden entwickelt. Der Betrieb, der Anfang Mai seine Arbeit aufnahm, heißt *Zentron* und hat seinen Sitz in Kalinin.
Zentron ist ein Gemeinschaftsunternehmen des Kombinates Robotron und der wissenschaftlich-technischen Vereinigung Zentroprogrammsistem. Von seiten Robotrons wird der Betrieb mit Personalcomputern, 32-Bit-Rechnern sowie peripherer Schreib- und Vervielfältigungstechnik ausgerüstet. Auch ingenieurtechnisches Personal wird dabeisein. Die sowjetische Seite stellt die Räume und den größten Teil der etwa 200 Beschäftigten.
Das Unternehmen wird programmtechnische Komplexe und Programmsysteme für verschiedene Bereiche der Volkswirtschaft herstellen, für die ein großer Bedarf besteht. Zunächst werden Bestellungen der UdSSR und der DDR berücksichtigt, später auch die von Drittländern. Noch in diesem Jahr sollen die Anwender etwa 250 Systeme schlüsselfertig erhalten. Zentron arbeitet vollständig auf der Basis wirtschaftlicher Rechnungsführung. Das Grundkapital soll fünf Millionen transferable Rubel ausmachen. Jeder bringt die Hälfte ein. Das leitende Hauptorgan wird ein Rat sein, dem drei Vertreter aus jedem Land angehören. Dieser gemeinsame Betrieb ist einer der ersten in der UdSSR. Erst seit jüngster Zeit werden sie auch in der UdSSR gegründet. 1987 beschloß der Ministerrat der UdSSR den Modus der Bildung und Tätigkeit gemeinsamer Betriebe der UdSSR und anderer Länder auf ihrem Territorium. Seine Bestimmungen tragen den Interessen der Partner Rechnung und sehen beiderseitigen Vorteil vor. Die Gemeinschaftsunternehmen erarbeiten und bestätigen die Pläne für ihre Wirtschaftstätigkeit selbständig. Sie bestimmen selbst, was entwickelt und welche Erzeugnisse hergestellt werden sollen. Der neue Betrieb soll der wachsenden Bedeutung der Softwareproduktion bei der Anwendung der modernen Datenverarbeitung Rechnung tragen und den Kunden hochwertige Systemleistungen sowie einen hochwertigen Kundendienst anbieten. *APN/ADN*

Leistungswachstum in der Elektrotechnnik/ Elektronik

Im Bereich der Elektrotechnik/Elektronik der DDR wurden im ersten Quartal Erzeugnisse für 156,4 Millionen Mark über den Plan hinaus gefertigt. Dieses Ergebnis wurde im April bei einem Erfahrungsaustausch der General- und Betriebsdirektoren der 15 Kombinate des Bereichs sowie der Direktoren der Außenhandelsfirmen in Berlin bilanziert. Jeder der für die volkswirtschaftliche Dynamik wichtigen etwa 240 Betriebe der Elektrotechnik/Elektronik sollte mit guter Planerfüllung im 40. Jahr des Bestehens der DDR Kurs auf den XII. Parteitag der SED nehmen, unterstrich der Minister für Elektrotechnik und Elektronik, Felix Meier. Überall komme es darauf an, noch stärker Wissenschaft, Technik und Rationalisierung einzusetzen und mehr Finalerzeugnisse ökonomisch zu fertigen. Das gelte auch für die Herstellung moderner, von der Bevölkerung gefragter Konsumgüter. Eingeschlossen sei dabei stets die Verbesserung der Arbeits- und Lebensbedingungen für die rund 490000 Werktätigen im Industriebereich. Durch kontinuierliche Planerfüllung hätten sich zum Beispiel die Kombinate VEB Carl Zeiss JENA, Automatisierungsanlagenbau, Mikroelektronik und Elektronische Bauelemente ausgezeichnet.
Felix Meier hob hervor, daß besonders in der Technologie weitere Fortschritte erreicht werden müssen. Gute Beispiele dafür seien die Schaffung von Grundlagen zur Produktion schneller 16-Bit-Mikroprozessorsysteme sowie die Musterproduktion von 1-Megabit-Speichern. Der Minister verwies darauf, daß für die Mikroelektronik weitere neue Basistechnologien für kleinere Strukturabmessungen zu schaffen sind. Dafür sei der Aufbau eines leistungsfähigen Elektronikmaschinenbaus als Gebot der Entwicklung von Schlüsseltechnologien und als entscheidende Grundlage für künftige Investitionen unentbehrlich. Das habe die Produktion fester Widerstände im Kombinat Elektronische Bauelemente Teltow gezeigt. 60 bis 70 Prozent aller Bauelemente auf Leiterplatten im Industriebereich sind feste Widerstände. In Teltow sei es zudem gelungen, bei etwa 43000 verschiedenen Erzeugnissen für 4500 Abnehmer in der DDR die durchgängige rechnergestützte Bilanzierung, Auftragsannahme und Produktionssteuerung durchzusetzen. Vergingen früher bei 150000 Verträgen etwa sechs Monate von der Auftragsannahme bis zur -bestätigung, so seien es heute – dank Rechentechnik aus der DDR – zehn Tage. *ADN*

Ungarischer Handelsminister würdigt Wirtschaftsbeziehungen mit der DDR

Als nützlich und inhaltsreich hat der ungarische Handelsminister Tamas Beck die jüngste Tagung des Gemeinsamen Wirtschaftsausschusses DDR–Ungarn und die dabei getroffenen Vereinbarungen charakterisiert. Gegenüber der Zeitung „Magyar Hirlap" verwies er in einem Interview darauf, daß der Warenaustausch zwischen Ungarn und seinem drittgrößten Handelspartner 1988 erstmals einen Wertumfang von mehr als zwei Milliarden Rubel erreichte. Beck sprach sich für den Ausbau der Direktbeziehungen zwischen Kombinaten, Betrieben und Institutionen beider Länder aus. Als positives Beispiel erwähnte er unter anderem die Zusammenarbeit zwischen der ungarischen Firma Videoton und dem Kombinat Robotron. *ADN*

Kopieren leicht gemacht

Ein Abkommen zwischen der sowjetischen Verlagsorganisation und Rank Xerox Ltd. bildet die Grundlage zur Eröffnung von sogenannten Copy-Shops in der Sowjetunion. Rank Xerox wird die Dienstleistungseinrichtungen ausrüsten und das Personal schulen. Die zunächst in Moskau eröffneten „Repro-Centers" können von jedermann – Ausländer gegen konvertierbare Währung, sowjetische Bürger und Institutionen gegen Rubel – genutzt werden. *MP*

Robotron eröffnete Technisches Zentrum in Warschau

Das erste Technische Zentrum des Kombinates Robotron in der Volksrepublik Polen ist im April in Warschau eröffnet worden. Wie der stellvertretende Kombinatsdirektor Joachim Adrian bei der Eröffnung erklärte, solle es die Öffentlichkeitsarbeit auf dem polnischen Markt intensivieren und zugleich die Zusammenarbeit mit den Anwendern von Robotron-Technik vertiefen. Dazu ist das Zentrum mit den jeweils neuesten Erzeugnissen der Computer-, Schreib- und Meßtechnik des Unternehmens ausgerüstet. Von dem deutsch-polnischen Kollektiv aus Anwendungstechnikern und Kundendienstingenieuren wurde bereits ein Kursus zur Betriebsdatenerfassung veranstaltet. Neben diesen Aufgaben wird das Technische Zentrum auch Service- und Reparaturleistungen übernehmen und die 200 polnischen Firmen, die bereits einen Robotron-Kundendienst bieten, unterstützen. *ADN*

Suhler Softwarebörse

Rund 130 nachnutzbare Programme für Klein- und Personalcomputer wurden im März auf der zweiten Suhler Softwarebörse vorgestellt. Ausrichter der Veranstaltung in der Stadthalle der Freundschaft waren das Bezirksneuererzentrum, die Bezirksplankommission, die Kammer der Technik sowie das Kultur- und Sportzentrum der Bezirksstadt. Über 25 Betriebe und Einrichtungen des Bezirkes Suhl, darunter das Fahrzeug- und Jagdwaffenwerk Suhl und Robotron-Elektronik Zella-Mehlis stellten dabei interessante Softwarelösungen vor, die vorwiegend Arbeiten in der Betriebswirtschaft – wie Bilanzierung, Grundmittelrechnung und Arbeitskräftestatistik – wesentlich erleichtern. Das Südthüringer Fleischkombinat beispielsweise richtet gegenwärtig eine gemeinsam mit dem Datenverarbeitungszentrum entwickelte Datenbank ein, die künftig von allen fleischverarbeitenden Betrieben der DDR genutzt werden kann. *ADN*

Steigerung bei Japans Elektronikproduktion

Japans Elektronikproduktion hat 1988 gegenüber dem Vorjahr wertmäßig um 13 Prozent zugenommen. Wie die Assoziation der Elektronikindustrie (EIAJ) im März in Tokio bekanntgab, betrug sie am Jahresende 21,19 Billionen YEN (umgerechnet fast 303 Milliarden Mark). Über dem Durchschnitt lagen die Zuwachsraten bei der Fertigung von Computern (15,4 Prozent) sowie von Halbleitern und elektronischen Industrieausrüstungen (jeweils 14,4 Prozent).
Im Jahresbericht wird darauf verwiesen, daß der Import vor allem von Farbfernsehgeräten, Videorecordern und Stereoanlagen aus Ländern Südostasiens mit 57,9 Prozent ein Rekordwachstum erreichte. Aucch die Einfuhren elektronischer Komponenten, besonders von Schaltkreisen, nahmen mit 21,6 Prozent deutlich zu. Diese Entwicklung wird auf weitere Produktionsverlagerungen japanischer Konzerne ins Ausland und die spürbar gewachsene Kapazität in Südkorea, Singapur, Taiwan und Hongkong zurückgeführt. *ADN*

Aus 2 mach 3!

Aufmerksamen Lesern wird nicht entgangen sein, daß es in der Meldung „Intel 80486 angekündigt" in MP 6/89, S. 188, beim Lieferstart des Prozessors mit 33 MHz Taktfrequenz nicht um den 80286-Prozessor, sondern um den 80386 ging. Wir bitten den Druckfehler zu entschuldigen.
Redaktion MP

Logischer Entwurf von Datenbanken

Thomas Zeier, Cottbus

Thomas Zeier (22) besuchte von 1983–1985 die EOS und arbeitete danach während eines Vorpraktikums im Rechenzentrum des Textilkombinates Cottbus als Operator und Programmierer. Er studiert seit 1987 an der TU Dresden Verarbeitungs- und Verfahrenstechnik und beschäftigt sich gegenwärtig mit rechnergestützten Untersuchungen der Oberflächenstrukturen von Fließgeweben.

Datenbank-Management-Systeme haben sich im Bereich der Mikrocomputer als besonders leistungsfähige Software-Werkzeuge erwiesen. Aufgrund der großen Flexibilität solcher Systeme kann, ein guter Entwurf vorausgesetzt, auf wechselnde Informationsbedürfnisse der Benutzer mit wenigen und geringfügigen Änderungen der Software reagiert werden.
Im Gegensatz zu einfachen Dateiverwaltungen besteht eine Datenbank nicht nur aus den einzelnen Daten, sondern sie enthält zusätzlich auch logische Verbindungen zwischen den Daten. Damit stellt sich eine Datenbank als Gesamtheit der vom Programm verwalteten Daten und deren Beziehungen zueinander dar. Diese Beziehungen können sehr komplex sein. Trotzdem müssen sie in der Struktur der Datenbank voll zum Ausdruck kommen.
Es wird gezeigt, wie Datenelemente so zu Datengruppen zusammengefaßt werden können, daß die entstehenden Datenstrukturen stabil und unanfällig gegenüber Änderungen sind. Auf der Grundlage derartiger Datenstrukturen wird einerseits ein Höchstmaß an Flexibilität bei der Verwaltung der Daten geboten. Andererseits halten sich der Aufwand für die Pflege von Anwendersoftware sowie das Ausmaß von Softwareänderungen in vernünftigen Grenzen. Die, mit Ausnahme der Schlüssel, redundanzfreie Abspeicherung aller Datenelemente unterstützt eine effiziente Auslastung des Speicherplatzes sowie möglichst kurze Zugriffszeiten.
Der Prozeß der Zusammenfassung von Datenelementen zu Datengruppen läßt sich durch die Überführung der Datenstruktur nacheinander in 3 abgeleitete Strukturformen gliedern /1/.

Die Datenbank in ihrer ursprünglichen Form

Als Beispiel möchte ich ein Schlagwortregister für verschiedene Zeitschriften wählen. Prinzipiell aber kann das Verfahren auch auf alle anderen Strukturen einer Datenbank angewendet werden. Ganz einfach stellen wir uns solch ein Register als eine Tabelle gemäß Bild 1 vor.

Titel	Autor 1	Autor 2	Autor 3	Schlagwort 1
Anwendungsbsp des Taktgeber mit Kontrolleuchte	Muller Lehmann Meier	Meier		Taktgeber D 100 LED

Schlagwort 2	Schlagwort 3	Heftname	Nummer	Jahrgang
B 555 Taktgeber		Funkamateur Funkamateur Originalbauplan	7 6 60	1988 1988

Bild 1 Das Schlagwortregister in Tabellenform

In dieser Tabelle entsprechen die Spalten den Datenfeldern und die Zeilen den Datensätzen. Die erste Zeile stellt die Namen der Datenfelder dar. Über diese Namen können die einzelnen Datenfelder angesprochen werden Die übrigen Zeilen sind der eigentliche Inhalt der Datenbank. Bild 2 ist das dazugehörige Schema. Der Name dieser Datei ist DATEN. Fur jeden Artikel aus einer Zeitschrift wird wegen der Eindeutigkeit genau ein Datensatz verwendet. Die Nachteile dieser Struktur werden schon deutlich:

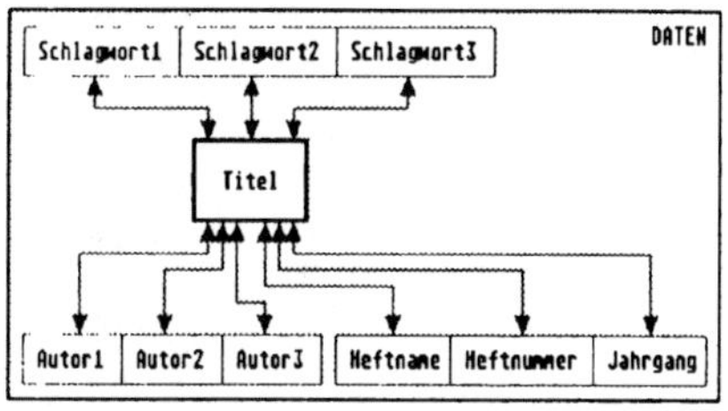

Bild 2 Die Datenbank in der ursprunglichen Form

- Eine begrenzte Anzahl von Autoren und Schlagwörtern pro Artikel stehen zur Verfügung. Was ist, wenn mehr Schlagwörter für einen Artikel benötigt werden, als vorgesehen sind?
- Wird nach einem bestimmten Schlagwort gesucht, dann muß zuerst im Datenfeld Schlagwort 1, dann in Schlagwort 2 und schließlich auch in Schlagwort 3 gesucht werden. Abgesehen von dem Programmieraufwand benötigt eine derartige Suche sehr viel Zeit. Analoges gilt auch für die Suche in den Datenfeldern Autor 1, Autor 2 und Autor 3.
- Gibt es weniger als 3 Autoren fur einen Artikel, oder werden weniger Schlagwörter für einen Artikel benutzt, als vorgesehen sind, dann bleibt eine entsprechende Anzahl von Datenfeldern in diesem Datensatz leer. Tritt das oft auf, dann ist die Speicherplatzverschwendung enorm.

Diese Nachteile sollen genügen, um zu zeigen, daß die auf den ersten Blick recht gute Struktur doch zum Teil erhebliche Mängel aufweist. Wie kann man ihnen begegnen?

Die erste Strukturform

Zuerst wird eine laufende Nummer eingeführt. Das heißt, die Datensätze werden durchnumeriert. Der Anwender merkt später davon nichts. Sie dient nur der Auffindung der Daten, die zu einem Datensatz gehören. In anderen Datenstrukturen kann die laufende Nummer durch ein anderes Datenfeld, das den Datensatz eindeutig identifiziert, ersetzt werden. Dies kann z. B. die Nummer der Betriebe eines Kombinates sein.
Danach werden die Datenfelder, die inhaltlich übereinstimmen, zusammengefaßt und aus der eigentlichen Datei ausgelagert (Bild 3).
So entstehen die eigenständigen Dateien AUTOR und SCHLAGWORT. Die Doppelpfeile an ihren Datenfeldern Laufende Nummer zeigen, daß zu jedem Datensatz aus der Datei „DATEN" mehrere Datensätze der Dateien AUTOR bzw. SCHLAGWORT gehören können. Dies ist typisch für eine erfolgte Zusammenfassung von inhaltlich gleichen Datenfeldern. Die Datei AUTOR sieht also wie folgt aus:

Laufende Nummer	**Autorname**
1	**Müller**
1	**Meier**
2	**Lehmann**
3	**Müller**

Jetzt kann jeder Artikel beliebig viele Schlagwörter bzw. Autoren haben. Auch wenn nur ein Schlagwort oder Autor genügt, wird kein Speicherplatz verschwendet. Wird ein bestimmtes Schlagwort gesucht, dann braucht man nur einmal die Datei SCHLAGWORT zu durchsuchen. Man kann die gefundenen Datensätze zählen und erhält damit die Anzahl der Artikel, die dieses Schlagwort benutzen. Außerdem kann man über die entsprechenden Einträge im Datenfeld Laufende Nummer auf Titel, Quelle und Autoren zugreifen. Analoges gilt auch, wenn ein bestimmter Autor gesucht wird. Diese Struktur ist also funktionstüchtig. Sie bietet sogar ein wenig Service. Zum Beispiel läßt sich mit **COUNT FOR <Bedingung>** sehr schnell die Anzahl der Artikel ermitteln, die ein bestimmtes Schlagwort benutzen, oder die ein bestimmter Autor geschrieben hat.

Die zweite Strukturform

Betrachtet man sich die Datei DATEN etwas näher, wird man feststellen, daß die Datenfelder Heftnummer und Jahrgang nur indirekt vom Titel abhängen. Ein Beispiel zeigt dies deutlich: Was sagt mehr über die Quelle aus: Anwendungsbeispiele des ...; 7; 88 oder Funkamateur; 7; 88?
Allgemein kann man sagen: Hängen Datenfelder indirekt vom Hauptschlüssel und direkt vom Nebenschlüssel ab, so werden sie zusammen mit dem Nebenschlüssel ausgelagert. In unserem Fall ist der Hauptschlüssel das Datenfeld Titel und der Nebenschlüssel das Datenfeld Heftname. Wieder wird zur Auslagerung ein Feld mit einer laufenden Nummer Buchnummer eingeführt (Bild 4). Es entsteht die Datei BUCH. Jedes Heft (z. B. Funkamateur 7/88) erhält eine Buchnummer. Die Anzahl der Datensätze in der Datei BUCH ist also gleich der der erfaßten Hefte.

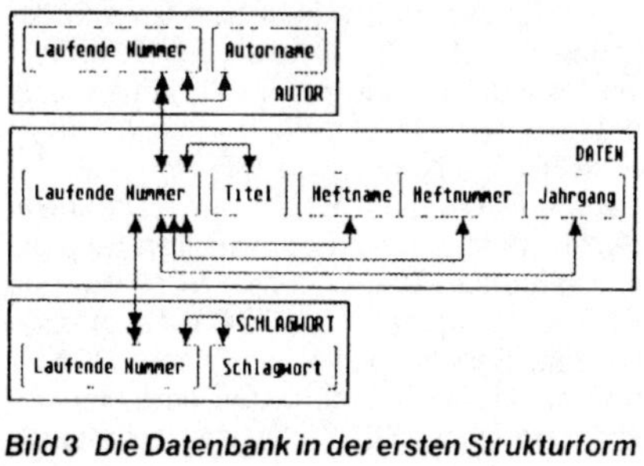

Bild 3 Die Datenbank in der ersten Strukturform

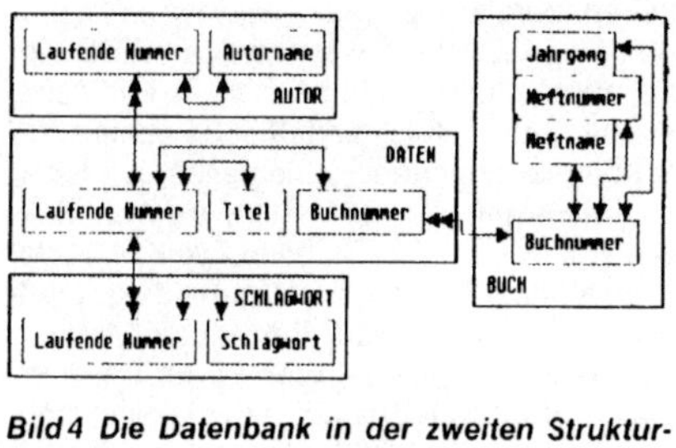

Bild 4 Die Datenbank in der zweiten Strukturform

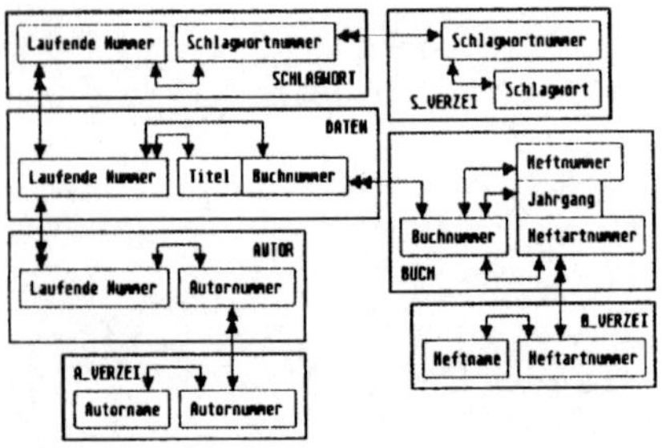

Bild 5 Die Datenbank in der dritten Strukturform

Die dritte Strukturform

In der Datei BUCH steht in unserem Beispiel unter Heftname zweimal Funkamateur und einmal Originalbauplan. In den Datenfeldern Autorname, Schlagwort und Heftname werden Daten mehrfach gespeichert. Dies stellt eine Datenredundanz dar. Sie kann beseitigt werden, denn sie benötigt zu viel Speicherplatz und eine eventuelle Änderung dieser redundanten Daten muß in der gesamten Datei mehrfach durchgeführt werden. Dieser Redundanz kann man mit einer Zusammenfassung der Daten eines Datenfeldes und deren Auslagerung begegnen. Die entstehende Struktur ist in Bild 5 dargestellt. Die entstehenden Dateien S_VERZEI, A_VERZEI und B_VERZEI stellen Verzeichnisse dar. Zum Beispiel ist in der Datei B_VERZEI jeder Heftname mit seiner zugehörigen Nummer genau einmal vertreten. Die Inhalte des Datenfeldes Heftartnummer der Datei BUCH stellen also Zeiger dar, die auf Datensätze des Verzeichnisses B_VERZEI zeigen. Die auf diese Weise entstandene Struktur ist um ein mehrfaches komplizierter als die Ausgangsstruktur. Sie zeichnet sich aber durch effektive Speicherplatzausnutzung und ständige Erweiterbarkeit aus.

Literatur

/1/ Langbein, D.; Eckardt, W.; Manecke, H.; Zur Theorie und Praxis der Anwendung des Datenbanksystems dBASE II. Kammer der Technik Suhl, TH Ilmenau 1987

Floppy-Treiber mit FDC U 8272 im Nicht-DMA-Modus Teil 2

Dr. Christian Löber
VEB Robotron Meßelektronik „Otto Schön" Dresden

FD-Treiber im ND-Poll-Modus

Grundforderungen an den Algorithmus

– schnelles, sicheres Positionieren, das heißt Eliminieren der Einflüsse durch vertikales (beim Kopfaufsetzen) bzw. horizontales (nach STEP-Operationen) Kopfschwingen
– zeitoptimierte Diskettenzugriffe
– Fehlertoleranz gegenüber Disketten- und Laufwerkstoleranzen (begrenzte Wiederholmechanismen mit gegebenenfalls Neupositionierung)
– Verifikation der Sektordaten (optionales Kontrollesen nach Schreiben)
– integrierte Überwachungsfunktionen (Vermeidung von Endlosschleifen bei Verklemmungen, undefinierten Systemzuständen, Fehlbedienungen, Diskettenfehlern)
– einfache, übersichtliche Struktur zur Erleichterung der Fehlersuche (manche Diskettentreiber sind sehr komplex und unstrukturiert programmiert).

Rufauswahl

Von den 15 FDC-Befehlen werden bei einem auf dem ND-Poll-Prinzip beruhenden FD-Controller für die Grundoperation Programmieren des FDC, Kopfpositionieren sowie Schreiben/Lesen Sektordaten nur acht benötigt.

① **SPEZIFY** (Code 03H)
Mit diesem Befehl werden die Betriebsart (DMA- bzw. Nicht-DMA-Modus) und die Timer für die Kopfladezeit HLT, Kopfentladezeit HUT und Schrittzeit SRT des FDC programmiert. Dieser Befehl sollte vor jeder Diskettenoperation gegeben werden. Die programmierten Werte werden durch FDC-Reset oder Kaltstart nicht gelöscht. In Bild 7 sind die für den Laufwerkstyp K 5601 optimierten Parameter angegeben. Sie gelten für Disketten im Format 5 × 1024 mit physischem Sektorversatz 1 4 2 5 3. Da beim Typ K 5601 der Kopf ständig aufgesetzt ist, sobald das Laufwerk geschlossen wird, könnte vermutet werden, daß der optimale Wert für HLT Null ist. Da die FDC-Zähler jedoch als Rückwärtszähler fungieren, führt HLT = 0 zum Maximalwert 508 ms (und damit insbesondere zu irritierend hohen Zeiten bei der Überwachung der Laufwerksaktivitäten!). Deshalb ist HLT = 01 der optimale Wert ensprechend einer Kopfladezeit von 4 ms bei der 4-MHz-Version U 8272 D04.

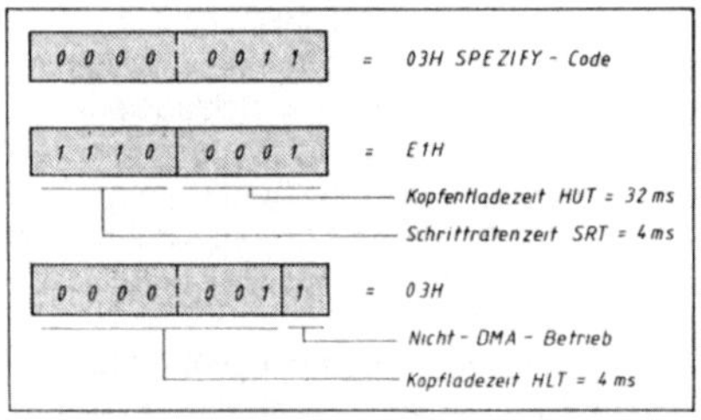

Bild 7 Parameterwerte für das SPEZIFY-Kommando für Laufwerkstyp K 5601 und 4-MHz-FDC U 8272 D04

② **RECALIBRATE** (Code 07H)
Beim Erstzugriff auf ein Laufwerk und in manchen Fehlersituationen (mechanisch fehlpositionierter Kopf) muß der interne Spurzähler PCN des FDC mit der tatsächlichen Kopfposition in Übereinstimmung gebracht werden. Das geschieht durch den Befehl RECALIBRATE, wobei die Spur 0 angefahren wird. Da der FDC in einem Zug nur maximal 77 Schritte machen kann, muß bei 80spurigen Disketten das Anfahren der Spur 0 in zwei Etappen vollzogen werden. Das Erreichen der Spur 0 kann durch Abfrage des Laufwerkstatus überprüft werden (B4/ST3 = 1).

③ **SENSE DRIVE STATUS** (Code 04H)
Vor dem Erteilen eines Positionierungskommandos ist mit diesem Befehl die Bereitschaft des Laufwerkes zu testen (B5/ST3 = 1). Ein Laufwerk ist bereit, wenn der Laufwerkshebel geschlossen, der Motor Sollgeschwindigkeit hat und die Diskette richtig gesteckt ist.

④ **SEEK** (Code 0FH)
Neben Drive- und Kopfnummer ist beim Suchkommando in einem weiteren Byte die anzufahrende Spurnummer NCN an den FDC zu übergeben. Der FDC erzeugt dann so viele Schrittimpulse, bis Istspur PCN = Sollspur NCN. Im allgemeinen wird empfohlen, nach einem SEEK über das Kommando READ ID ein ID-Feld der angefahrenen Spur zu lesen, wobei neben ST0 ... ST2 die vollständige Diskettenadresse des Sektors (Spur, Kopf, Sektornummer, Sektorgröße) als Resultat übergeben wird und somit die tatsächlich erreichte Spur kontrolliert werden kann. Das führt jedoch zu Zeitverlusten, deshalb sollte darauf verzichtet werden, da bei nachfolgenden Lese- oder Schreibbefehlen das Identifikationsfeld (ID-Feld) ohnehin noch einmal gelesen und verglichen wird.

⑤ **SENSE INTERRUPT STATUS** (Code 08H)
Von den zahlreichen zur Generierung eines Interrupts führenden Ereignissen sind hier wegen des interruptfreien Grundprinzips nur die Interrupts infolge der Kommandos 3 und 4 – beide haben keine Ergebnisphase – wichtig. Jedem dieser Befehle muß Kommando 5 folgen, um über die zurückgemeldeten Informationen ST0 und PCN das Ergebnis überprüfen zu können und um das Interrupt-(IR-)-Signal zurückzusetzen.

Dabei gilt folgende Zuordnung für ST0:

IR-Code B7	B6	Suchendebit B5	
0	0	1	fehlerfrei beendetes Kommando
0	1	1	mit Fehler beendetes Suchkommando (z. B. Spur nicht gefunden)
1	1	0	RDY-Wechsel (z. B. Laufwerkshebel geöffnet)

MT MFM SK 0 0 1 1 0	46H	Befehlskode für Lesen
0 0 0 0 0 HD DS1 DS0	05H	Kopf 1, Laufwerk 1
C	10H	Spurnummer (Zylinder)
H	01H	Kopfnummer (Seite)
R	01H	Sektornummer
N	03H	relative Sektorlänge 2^N, N = 0 ... 3
EOT	05H	Nummer des letzten Sektors der Spur
GPL	38H	Anzahl der Lückenbytes in GAP 3
DTL	FFH	Datenfeldlänge (bei N > 0 – FFH)

Bild 8 Befehlssatz für das Lesen von 1-KByte-Sektoren der Spur 16 ab Sektor 1
(MT = 0 kein Spurverlängerungsverfahren, d. h. Kopfverwaltung im Blockungsmodul;
GAP3 = 38H empfohlene Lückenlänge bei 1-KB-Sektoren;
SK = 0: Arbeit nur mit Sektoren mit Datenmarke FBH;
DTL für Sektoren > 128 Byte ohne Bedeutung)

⑥ **READ DATA** (Code 46H: MFM-Betrieb, keine Spurverlängerung)
Leseoperationen werden durch einen Satz von 9 Parametern spezifiziert – ein Beispiel für eine Sektorleseoperation zeigt Bild 8. Zu Beginn der Ausführungsphase wird der Kopf aufgesetzt, entsprechend der im SPEZIFY-Befehl programmierten Kopfladezeit HLT gewartet und nach Erkennen des Indexloches mit dem Lesen und Vergleichen der ID-Informationen der angefahrenen Spur begonnen. Nach gefundenem ID-Feld liest der FDC die Daten des Sektors. Der Prozessor muß spätestens 24 μs nach Eintritt der Datenbereitschaft (RQM-Bit7/FDCSTAT = 1) reagieren und Byte für Byte im 32-μs-Rhythmus übernehmen, ansonsten wird das Overrun-Flag B4/ST1 gesetzt und die Operation vom FDC beendet. Das normale Ende einer Sektoroperation ist die Ausgabe eines TC-Impulses per Programm.
Im ND-Modus setzt der FDC nach Empfang jedes Datenbytes das INT-PIN sowie das RQM-Bit des Hauptstatusregisters. Beide werden durch das Auslesen des empfangenen Bytes durch den Prozessor zurückgesetzt. Das eröffnet die Möglichkeit, im reinen Polling arbeiten zu können, das heißt, das Bytehandling wird nur durch Abfrage des RQM-Bits gesteuert (ND-Poll-Prinzip), und auf eine komplizierte IR-Steuerlogik wird verzichtet. Zum Erkennen von möglichen „Verklemmungen" des FDC – das kann beispielsweise durch Öffnen des Laufwerkshebels provoziert werden – sollte die diesbezügliche Abfrageschleife für das RQM-Bit zeitüberwacht werden.
Beim 2,4-MHz-Prozessor UB 880 ist dies – wegen des bereits erwähnten 32-μs-Zyklus – nur interruptgesteuert möglich (z. B. mittels eines CTC-Kanals). Beim 4-MHz-Prozessor UA 880 kann die Überwachung dagegen aufgrund der höheren Verarbeitungsgeschwindigkeit rein softwaremäßig geschehen. Das hat den großen Vorteil, daß die gesamte Sektoroperation in eine DI/EI-Klammer eingeschlossen werden kann, um die Sektorarbeit vor Unterbrechung durch systeminterne oder -externe IR-Quellen zu schützen. Bei der 2,4-MHz-Variante hingegen müssen für die Dauer der Sektorarbeit alle (also auch später gegebenenfalls durch den Anwender nachdefinierte IR-Quellen!) für die Dauer der Sektorarbeit abgeschaltet werden.
⑦ **WRITE DATA** (Code 45H)
Analog zu READ DATA, jedoch vor Auslösen des Rufes Test, ob Diskette schreibgeschützt ist durch Ruf 3 (Abfrage B6/ST3).
⑧ **SCAN EQUAL** (Code 51H)
Dieser Befehl kann dazu benutzt werden, nach Sektorschreiboperationen die Read-After-Write-Funktion (RAW-Funktion = Kontrollesen) auszuführen. Jeder geschriebene Sektor sollte prinzipiell – das heißt ohne Berücksichtigung eventueller Kontrollmechanismen in den einzelnen Dienstprogrammen eines Betriebssystems – vom Treiber kontrollgelesen werden, trotz des dafür erforderlichen Zeitaufwandes, da die Datensicherheit Vorrang vor der Datenübertragungsgeschwindigkeit hat. Gezielt kann die RAW-Funktion außer Kraft gesetzt werden, indem B3/Byte 6 des im Requestvektor FD_REQ angegebenen Parameterblockes auf 1 gesetzt wird (siehe Bild 6 in MP 6/89, S. 168).
Bei SCAN EQUAL ist in der Ausführungsphase Byte für Byte aus dem RD/WR-Puffer an den FDC auszugeben. Dieser liest Byte für Byte des geschriebenen Sektors zurück und kontrolliert auf Gleichheit. Wenn alle Daten gleich sind, wird das Scan-Hit-Bit B3/ST2 gesetzt (wird in der Resultatsphase zurückgemeldet). Damit ist festgelegt, daß alle Daten einer vorangegangenen Sektorschreiboperation richtig abgespeichert wurden, mit einer Ausnahme: Ein fehlerhaft geschriebenes Byte FF wird nicht als Schreibfehler erkannt, da FF alle Vergleichsbedingungen erfüllt. Ein solcher Fehler wird jedoch über die CRC-Bytes erkannt.
⑨ **READ ID** (Code 4AH)
Bei Generierung dieses Rufes liest der FDC das als nächstes folgende ID-Feld auf der aktuellen Spur und liefert neben ST0, ST1 und ST2 Spur, Kopf, Sektor und Sektorlänge. Im allgemeinen wird der Befehl nach Positioniervorgängen zur Spurkontrolle eingesetzt. Das ist jedoch – um Zeit zu sparen – prinzipiell nicht nötig, da – wie schon erwähnt – bei nachfolgenden Schreib- oder Leseoperationen vom FDC vorher ohnehin das korrespondierende ID-Feld identifiziert werden muß. Deshalb wird READ ID für die reine Sektorarbeit nicht benötigt, wohl aber dann, wenn das zu generierende Betriebssystem automatisch das Diskettenformat erkennen soll. Dabei wird unter anderem im BIOS-Ruf SELDSK ein ID-Lesen zum Erkennen der tatsächlichen Sektorlänge einer gesteckten Diskette benutzt.

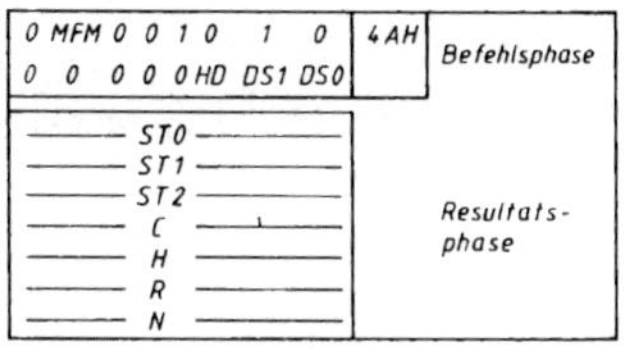

Bild 9 Befehlscode für ID-Feldlesen und zurückgegebene Parameter

Ausgewählte Algorithmen

Kommandoausgabe an den FDC

Nach **POWER ON**-Reset steht das Directionsbit DIO des Hauptstatusregisters auf Ausgabe (= Grundstellung), das heißt, der FDC ist für den Empfang des allerersten Kommandos – zum Beispiel vom Befehl SPEZIFY – bereit. Danach müssen alle Phasen eines ausgegebenen Kommandos: Befehls-, Ausführungs- und Resultatsphase durchprogrammiert werden. Insbesondere müssen in der Ergebnisphase alle Resultatbytes abgeholt werden (Kontrolle über Bit 4/Hauptstatusregister), ansonsten ist der FDC nicht für den Empfang weiterer Befehle bereit: Er bleibt in Richtung FDC ⇒ CPU stehen.
Ebenso schaltet der FDC auf das Senden einer Message um, wenn im Ergebnis der laufenden Bereitabfrage der Laufwerke eine Zustandsänderung auftritt (z. B. RDY-Wechsel). Beide Situationen müssen in einem Programm zur Kommandoausgabe an den FDC berücksichtigt sein (Bild 10 und 11). Des weiteren sollten die Programme zum Ausgeben eines Kommandos und zum Lesen des FDC (Daten oder Resultat einer Operation) zeitüberwacht werden, um Endlosabfrageschleifen bei undefinierten Systemzuständen mit einer definierten Fehlerbehandlung abzubrechen.

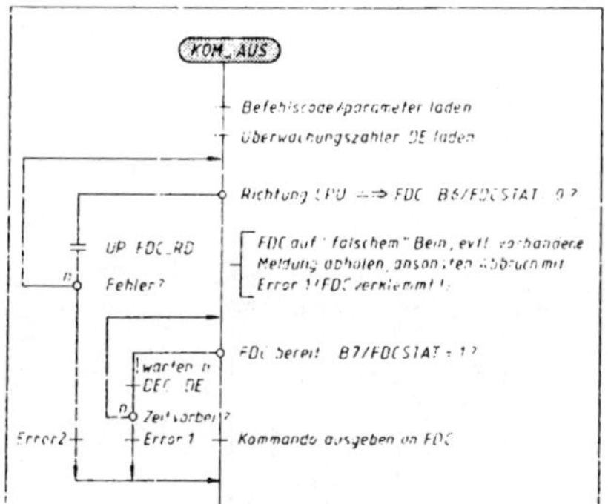

Bild 10 PAP für die Ausgabe eines Kommandos mit Test, ob FDC ggf. auf Abholen einer Meldung durch den Prozessor wartet

Positionieren

Beim Spursuchen (Bild 12) sind einige Besonderheiten zu beachten:

– Vor jedem Suchbefehl ist die Laufwerksbereitschaft mit dem Kommando **SENSE DRIVE STATUS** (B5/St3 = 1: Laufwerk bereit) zu testen.

– Bei Kaltstart sowie beim Neupositionieren infolge fehlerhafter Lese- oder Schreiboperationen sind alle Variablen bzw. ist die betreffende Variable für die logischen Istspuren der Laufwerke auf eine physisch nicht mögliche Spurnummer – beispielsweise FFH – zu initialisieren, um beim Erstzugriff oder bei bestimmten Rufwiederholungen für das betreffende Laufwerk ein HOME über das Kommando RECALIBRATE und damit das Kalibrieren des internen Spurzählers PCN des FDC auf Spur 0 zu veranlassen. Dabei ist zu beachten, daß im Unterschied zum SEEK-Befehl der RECALIBRATE-Ruf eine maximale Spurdistanz von nur 77 Schritten überbrücken kann. Deshalb muß Programm HOME bei zu überbrückenden Spurdistanzen > 77 Spuren eine Doppelpositionierung durchführen.

– Nach einem **SEEK**-Befehl ist eine Wartezeit von 5–10 ms zum Ausgleich der horizontalen Kopfschwingungen am Ende des Positioniervorganges abzuwarten. Danach ist mit einem SENSE IR-STATUS-Kommando das Ergebnis ST0 und PCN des SEEK-Befehls abzuholen. Dabei werden gleichzeitig das entsprechende Drive-Status-Bit D0 ... D3 des Hauptstatusregisters und die INT-Leitung zurückgesetzt.

– Das FDC-BUSY-Bit 4 des Hauptstatusregisters wird – im Unterschied zu Lese- und Schreibbefehlen – bei Suchbefehlen schon am Ende der Befehlsphase zurückgesetzt; es ist folglich für das Erkennen des Endes der Ausführungsphase nicht geeignet.

– Wird bei einem Suchbefehl durch Öffnen des Laufwerkhebels die RDY-Leitung auf *NICHT BEREIT* gesetzt, so unterbricht der FDC den Positioniervorgang. Dabei auftretende undefinierte Systemzustände können durch Wiederholmechanismen mit dem Neupositionieren über HOME eliminiert werden.

Sektorarbeit

In Bild 13 ist der dem FD-Treiber zugrundeliegende Grundalgorithmus mit einem zweifachen Wiederholungsmechanismus bei auftretenden Fehlern dargestellt. Alle angeführten Unterprogramme enthalten eine eigene Zeitüberwachung nach dem Softloop-Prin-

```
                    ;!!!!!!!!!!!!!!!!!!!!!!!!!!!!!!!!
                    ;   KOMMANDO_AUSGABE AN FDC      !
                    ;!!!!!!!!!!!!!!!!!!!!!!!!!!!!!!!!
                    ;
0040                FDCSTAT  equ    40h          ;Portadr.Hauptstatusregister FDC
0041                FDCDAT   equ    FDCSTAT + 1  ;Portadr.Datenregister FDC
0001                ERROR1   equ    01           ;FDC nicht bereit (Zeitueberschreitung)
0002                ERROR2   equ    02           ;FDC verklemmt (weder Ausgabe eines Be-
                                                 ;fehls noch Lesen einer Meldung moeglich)
0000   0E 41        KOM_AUS: ld     c,FDCDAT
0002   3A 0036               ld     a,(BEFZAL)   ;Anzahl Befehlsbytes
0005   47                    ld     b,a
0006   21 0037               ld     hl,KOM_TAB   ;Befehlssatz
0009   11 0000               ld     de,0         ;Ueberwachungszaehler
                    ;
000C   DB 40        direc?:  in     a,(FDCSTAT)
000E   CB 77                 bit    6,a          ;DIO-Bit: Richtung CPU ==> FDC ?
0010   C4 0028               call   nz,FDC_RD    ;nein:    Richtung CPU <== FDC !
0013   20 12                 jr     nz,ende
                    ;
0015   DB 40        rdy?:    in     a,(FDCSTAT)
0017   CB 7F                 bit    7,a          ;RQM-Bit: FDC bereit (B7=1) ?
0019   20 09                 jr     nz,ausg      ;ja: zur Befehlsausgabe
                    ;
001B   1B                    dec    de           ;nein: Ueberwachung dekrementieren
001C   7A                    ld     a,d
001D   B3                    or     e            ;Ueberwachungszeit vorbei?
001E   20 F5                 jr     nz,rdy?      ;nein: weiter abfragen
0020   3E 01                 ld     a,ERROR1     ;ja: Fehlerart 1 markieren ..zum Ende
0022   18 03                 jr     ende
0024   ED B3        ausg:    otir                ;Befehlssatz ausgeben
0026   AF                    xor    a            ;STATUS: kein Fehler
0027   C9           ende:    ret
                    ;
                    ;UP zum Lesen einer Nachricht vom FDC
                    ;-----------------------------------
0028   DB 40        FDC_RD:  in     a,(FDCSTAT)
002A   E6 C0                 and    0c0h         ;Maske
002C   FE C0                 cp     0c0h         ;Nachricht im FDC:   B7 B6_FDCSTAT = 11 ?
002E   3E 02                 ld     a,ERROR2     ;(Fehlerart 2 markieren
0030   C0                    ret    nz           ;nein: FDC-Verklemmung (schwerer Fehler)
                    ;
0031   CD 0035               call   MESSAGE      ;ja: Meldung abholen, z.B.
                             ret                 ;    Statusaenderung auf RDY-Leitung
                    ;
0035                MESSAGE: ; ...               ;UP zur Abholung der Meldung (Dummy)
0035   C9                    ret
                    ;
                    ;Variable:
                    ;---------
0036   09           BEFZAL:  db     9            ;Anzahl Bytes im Befehlssatz
0037   03           KOM_TAB: db     46h          ;Befehlscode:  READ DATA
0038   05                    db     05h          ;Kopf 1 / Laufwerk 1
0039   10                    db     10h          ;Spur 16
003A   01                    db     01h          ;Kopf 1
003B   01                    db     01h          ;Sektor 1
003C   03                    db     03h          ;1024 B Sektor
003D   05                    db     05h          ;Nr.letzter Sektor der Spur
003E   38                    db     38h          ;GAP3
003F   FF                    db     0ffh         ; Datenfeldlaenge
```

Bild 11 Programmbeispiel für Ausgabe eines Kommandos an den FDC

```
                    ;!!!!!!!!!!!!!!!!!!!!!!!!!!!!!!!!
                    ;   UP LESEN EINES SEKTORS       !
                    ;!!!!!!!!!!!!!!!!!!!!!!!!!!!!!!!!
                    ;
0040                FDCSTAT  equ    40h
0041                FDCDAT   equ    FDCSTAT + 1
0048                ZREG     equ    48h          ;zusaetzliches Steuerregister
FFFF                KOM_AUS  equ    0ffffh       ;s.Bild 11
                    ;
0000   CD FFFF      SEC_RD:  call   KOM_AUS      ;FDC auf Lesen Sektor programmieren
0003   C2 0030               jp     nz,rdend     ;zum Ende,wenn FDC nicht okey
0006   ED 4B 0031            ld     bc,(BYTZAL)
000A   2A 0033               ld     hl,(PUFF)
000D   11 0000               ld     de,00        ;Ueberwachungszaehler laden
                    ;
                    ;BYTEHANDLING:
                    ;------------
0010   F3                    DI                  ;Oeffnen der DI/EI-Klammer
0011   1B           rd:      dec    de
0012   7B                    ld     a,e
0013   B2                    or     d
0014   28 19                 jr     z,rd1        ;Austritt bei  Zeitueberschreitung
                    ;
0016   DB 40        rd0:     in     a,(FDCSTAT)  ;Status des FDC holen
0018   FE F0                 cp     0f0h         ;B7B6B5B4 = 1111:      ==> Daten vorha
001A   20 F5                 jr     nz,rd        ;bei Desynchr.FDC/CPU: ==> Rueckmeldun
001C   DB 41                 in     a,(FDCDAT)   ;Byte lesen
001E   77                    ld     (hl),a       ;und abspeichern
001F   ED A1                 cpi
0021   EA 0016               jp     pe,rd0       ;alle Daten gelesen ?
                    ;
0024   3A 0433               ld     a,(zwsp)     ;ja:   Beenden des Transfers
0027   CB E7                 set    4,a          ;durch Ausgabe TC-Stopimpuls
0029   D3 48                 out    (ZREG),a
002B   CB A7                 res    4,a
002D   D3 48                 out    (ZREG),a
                    ;
002F   FB           rd1:     EI
0030   C9           rdend:   ret
                    ;
0031   0000         BYTZAL:  dw     00           ;zu transferierende Bytezahl
0033                PUFF:    ds     400h         ;Schreib/Lese-Puffer
0433   00           zwsp:    db     0            ;Zwischenspeicher f.ZREG
                             END
```

Bild 14 Programmbeispiel für das Bytehandling beim Lesen aller Bytes eines Sektors

zip. Folgende Hauptaktivitäten charakterisieren den Treiber:

– Einschalten des aktuellen Motors (Berechnen des entsprechenden Motorcodes aus Byte 2 der übergebenen Schnittstelle FD_REQ) sowie Laden zweier Zähler für Rufwiederholung ohne bzw. mit Neupositionierung (RW_ZAEL, HOM_ZAEL).

– Innerhalb der Wiederholungsschleife prinzipiell Neuspezifizieren des FDC, das heißt, jeweiliges Neuladen von HLT, HUT und SRT und damit verbunden Verwendung bestimmter Rücksetzfunktionen des FDC; ferner Positionieren des Kopfes auf die in FD_REQ angewiesene Sollspur NCN; jedoch kein ID-Feldlesen zur Spurkontrolle aus Zeitgründen.

– Rufverteiler für das Trennen von RD- und WR-Rufen mit anschließendem Bytehandling. In Bild 14 ist hierfür ein konkretes Programmbeispiel für das Lesen eines Sektors angegeben. Die Ausführungsphase wird nach dem Übertragen aller Sektordaten (Test: Bytezähler = 0) durch die programmierte Ausgabe eines vollständigen > 4 μs langen High-Impulses an TC über das zusätzliche Steuerregister des FD-Controllers beendet.

– Lesen und Auswerten des Resultats der FDC-Operation. Bei aufgetretenen Fehlern (dann ist B7/B6_ST0 ≠ 00) erfolgt eine n-fache Rufwiederholung des Schreib-Lese-Rufes bis RW_ZAEL = 0, danach nochmalige (einmalige) Wiederholung mit Neupositionierung über Spur Null, um außergewöhnliche Fehlersituationen, wie undefinierte Stellung des Kopfes (z. B. auch außerhalb des Spurbereiches der Diskette!) zu beheben.

– Motorabschalten und Rückgabe des Status der Operation an den Blockungsmodul. Im Fehlerfall kann die konkrete Fehlerur-

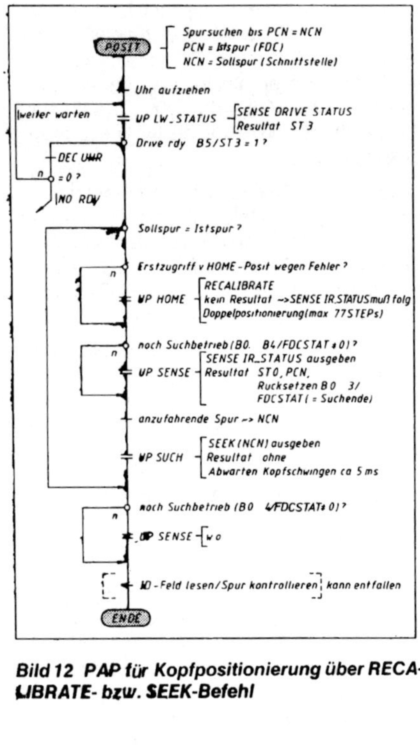

Bild 12 PAP für Kopfpositionierung über RECALIBRATE- bzw. SEEK-Befehl

Bild 13 PAP für die DISK-I/O-Routine zum Lesen oder Schreiben von Sektordaten ▼

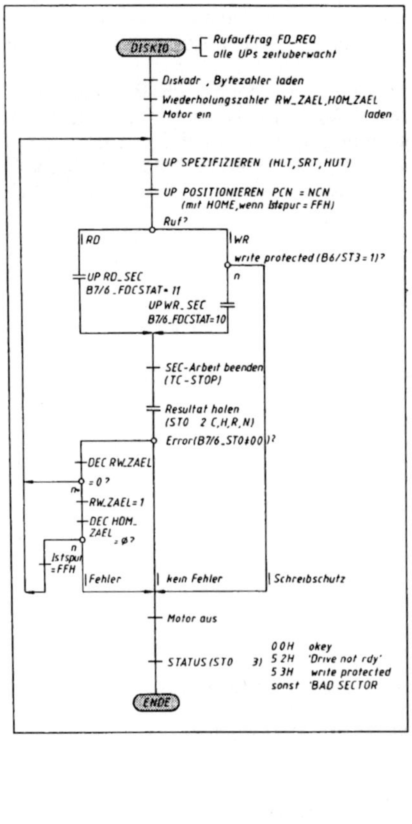

...sache durch Austesten der Statusregister des FDC detailliert ermittelt werden (z. B. B1/B4_ST2 = 1: schlechte oder falsche Spur, B5/ST1 = 1: CRC-Fehler, B0/ST1 = 1: fehlende Adreßmarke usw.). Bei den meisten CP/M-kompatiblen Betriebssystemen erfahren jedoch nur die Situationen *Drive not rdy* und *write protected* eine gesonderte, für den Bediener relevante Behandlung, während auf alle anderen Fehlersituationen überwiegend mit *Bad Sector* reagiert wird.

Meßergebnisse

Bei der Arbeit mit Floppy-Speichern sind für den Nutzer vor allem folgende drei Parameter bzw. Kriterien aussagekräftig:

- Die Zugriffssicherheit, das heißt die Häufigkeit von Fehlern, bei denen das Betriebssystem mit *Bad Sector* reagiert. Zur Ermittlung eines Orientierungswertes wurden Dauerkopierversuche zwischen zwei Laufwerken über jeweils 8 Stunden durchgeführt. Maßgeblichste Einflußgröße ist dabei die Diskettenqualität. Bei *einwandfreien* Disketten trat bei $\geqq 10^5$ Sektoroperationen kein Fehler auf.
- Die Zugriffsgeschwindigkeit, die direkt proportional in die Kopierzeiten eingeht. Hierbei wirken neben Maßnahmen in der Hardware (erhöhte Prozessortaktfrequenz, hardwaremäßige CRC-Sicherung durch den FDC entsprechend 7 ms Zeiteinsparung/ Sektorzugriff /2/ folgende softwareseitige Maßnahmen zugriffsbeschleunigend:
  – kein ID-Feldlesen bei Positioniervorgängen
  – optimierte Laufwerksparameter, insbesondere hinsichtlich der Schrittratenzeit SRT (4 ms + 1 ms zum Ausgleich von Laufwerkstoleranzen) und minimale Kopfladezeit HLT = 4 ms.
  – große Sektorlänge (1-KByte-Sektoren, dies natürlich auch aus Gründen maximaler Diskettenkapazität) und Zugriffsverdichtung durch Blockung
  – physischer Sektorversatz 1 4 2 5 3 beim Format 5 * 1024 Byte/Spur (realisiert im zugehörigen FORMAT-Programm). Im Zusammenwirken aller genannten Maßnahmen wurden die in Tafel 1 angegebenen Kopierzeiten erzielt. Zum Vergleich sind die analogen Werte für die Büro-und Personalcomputer der DDR angegeben.
- Die Fehlertoleranz, das heißt, in welchem Maße auch grobe Fehler toleriert bzw. unterdrückt werden. Derartige Einflüsse lassen sich zum Beispiel dadurch provozieren, daß während eines laufenden Kopiervorganges von Hand die Schlittenposition in starkem Maße verstellt wird, im kritischsten Falle sogar außerhalb des formatierten Spurbereichs der Diskette, wodurch der FDC weder eine Spur noch ein ID-Feld vorfindet. Unter Zugrundelegung der beschriebenen fehlertolerierenden Treiberphilosophie werden diese und andere Störungen problemlos ohne Fehlerausstieg eliminiert.

Rechner	BC A 5120		PC 1715	A 5105				EC 1834
Laufwerkstyp	K 5600.10	K 5601	K 5601	K 5601				K 5601
Format	16 × 256		16 × 256	5 × 1024				9 × 512
physischer Sektorversatz (14253)				ohne	mit			
Kontrollesen				mit	mit	ohne	*)	
Kopierzeiten in s	124	117	105	102	81	61	60	60
s/KByte	1,60	1,50	1,35	1,31	1,04	0,78	0,77	0,77

***Tafel 1** Kopierzeiten im Vergleich (Kopieren von 8 SCP-Dienstprogrammen = 78 KByte mit POWER unter vergleichbaren Bedingungen)* *) Kopieren mit PIP

Literatur

/1/ Funktionsbeschreibung FDC U 8272. Entwurf der Schaltkreisdokumentation 30. 9. 1985

/2/ Böhl, E.: Integrierte Floppy-Disk-Controller-Schaltungen U 8272 D 08 und U 8272 D 04. Radio, Ferns., Elektron. 36 (1987) 11, S. 703

/3/ KROS 5110/01. Werkstandard VEB Kombinat Robotron, September 1985

Desktop Publishing

Jörg Simon

Die unaufhörliche und schnelle Entwicklung der Personalcomputer (PC) und der damit verbundenen Gerätetechnik in den letzten Jahren hat dazu geführt, daß neben die bisherigen generellen Nutzungsmöglichkeiten der PCs, wie Textverarbeitung, Tabellenverarbeitung, Datenbanken, Grafikverarbeitung oder Telekommunikation, eine neue, das Anfertigen von Publikationen mit PCs – Desktop Publishing (DTP) genannt – getreten ist. Der Artikel beschreibt die Voraussetzungen, die für eine solche Anwendung notwendig sind.

Zu den technischen Voraussetzungen für DTP zählen neben einem PC mit mindestens 640 KByte Hauptspeicher und einer Festplatte folgende Geräte:

- Scanner, mit dessen Hilfe Abbildungen (Fotografien, Texte, Grafiken) vom Papier in eine Datei, die von DTP-Software verarbeitet werden kann, kopiert werden
- Bildschirm mit hoher Auflösung, der möglichst eine ganze A4-Seite wahrheitsgetreu wiedergeben kann (Ganzseitenbildschirm)
- Maus, die sowohl zur Steuerung des DTP-Programms als auch zur Arbeit mit Grafik verwendet wird
- Drucker von hoher Qualität, um eine ausgezeichnete Wiedergabe des Textes und der Abbildungen zu gewährleisten
- Software, die sowohl Text- als auch grafische Verarbeitung zuläßt, das gesamte Dokument typografisch aufbereiten kann und den Import von Dateien verschiedenen Formats in das Dokument ermöglicht.

In Abhängigkeit von den eigenen Ansprüchen und der vorhandenen Hard- und Software erlauben DTP-Systeme den Druck von Dokumenten von minimaler (Nadeldrucker mit neun Nadeln), mittlerer (Nadeldrucker mit 24 Nadeln) bis zu hoher Qualität (Laserdrukker mit hoher Auflösung). Entsprechend den Qualitätsanforderungen variieren auch die Preise von DTP-Systemen.

Scanner

Die überwiegende Anzahl von DTP-Anwendern startet, ohne einen Scanner zur Verfügung zu haben. Es dauert allerdings nicht lange, um zu erkennen, daß das Einfügen von Fotografien oder Grafiken in das eigene Dokument sehr wünschenswert wäre. Der Weg führt zum DTP-Scanner. Die Arbeitsweise eines Scanners beruht auf dem Abtasten einer Abbildung (Fotografie, Text, Grafik usw.) mittels eines lichtempfindlichen Geräts und der Konvertierung des resultierenden Signals in eine digitale Form. Scanner (z. B. Belegleser) sind seit langem als Eingabegeräte für Großrechner im Einsatz; allerdings erweisen sie sich als sehr kostspielig und sensibel. Der Einsatz in Verbindung mit Personalcomputern ist eine relativ junge Entwicklung. Waren 1986 in den USA ungefähr 4000 Scanner im Einsatz, so stieg diese Zahl 1988 auf etwa 36000. Das bedeutet, daß etwa einer von sieben DTP-Arbeitsplätzen mit einem Scanner ausgerüstet ist /1/. DTP-Scanner am unteren Ende der Preisskala liegen im Preisbereich von XT-kompatiblen PCs, während die an der Spitze rangierenden Scanner etwa zehnmal teurer sind. Der Unterschied liegt in der Auflösungsfähigkeit und der Fähigkeit,

Mit einer Auflösung von 800 dpi (dots per inch – Punkte je Zoll) zählt der neue Flachbettscanner TDS 8000 von Tandberg Data zur gehobenen Leistungsklasse. Er tastet die Vorlagen mit einem CCD-Sensor ab; störanfällige Spiegel- und Linsensysteme wurden durch Faseroptik und LED-Beleuchtung ersetzt. Bei Umschaltung auf 400 dpi beträgt die Scanzeit 11 Sekunden. Die Scansoftware erlaubt das Einlesen von Text-, Bild- und Grafikvorlagen und das Mischen auf dem Bildschirm, außerdem Fenstertechnik für 16 unterschiedliche Scanparameter.

Texte unterschiedlicher Schriftsetzung in eine Textdatei konvertieren zu können (optische Zeichenerkennung). Die Auflösungsfähigkeit reicht von 200 bis 1000 Pixel per Zoll, in Verbindung mit der Breite der Grautonskala (2 bis 256 verschiedene Grautöne) für jeden Pixel ergibt sich die Qualitätsvarianz. Man bezahlt jedoch für die Bildqualität mit Speicherplatz. So belegt eine Abbildung (A4-Format), digitalisiert mit einer Auflösung von 300 Pixel per Zoll und 2 Grautönen (schwarz und weiß) mehr als 1 MByte, bei 256 verschiedenen Grautönen mehr als 8 MByte, bei einer Auflösung von 600 Pixel per Zoll und 256 Grautönen etwa 34 MByte Speicherplatz. Allerdings ist es auch eine Frage des verwendeten Druckers, ob die Eingabequalität in eine Druckausgabe hoher Qualität umgesetzt werden kann. Für die meisten Anwendungsfälle ist ein Scanner mit 64 Grautönen mehr als ausreichend. Interessant ist die Möglichkeit, die digitalisierten Abbildungen im PC manipulieren zu können. So kann der Grautonwert jedes Pixels geändert werden, Kontraste können verschärft und die Abbildungen retuschiert werden. Alle Scanner sind mit einer diesbezüglichen Software ausgerüstet. Ein anderes Softwarepaket, welches vielen Scannern angegliedert ist, ist die optische Zeichenerkennung, die weit verbreitete Schreibmaschinen- oder Druckschriften erkennt und in ASCII-Code umwandelt. Somit lassen sich ganze Seiten in Textdateien konvertieren und mit gebräuchlichen Textverarbeitungssystemen weiterverarbeiten. In letzter Zeit sind auch die ersten DTP-Scanner auf dem Markt erschienen, die es erlauben, farbige Abbildungen nicht in Grautönen, sondern in Farbe zu digitalisieren. Das ist eine der sich abzeichnenden Entwicklungsrichtungen. Die andere ist die Ausweitung der Fähigkeit, schriftgesetzten Text lesen zu können. Andere interessante Richtungen sind die Entwicklung von kleinen billigen Handscannern und die Verbindung von Scannern mit Fax-Software, um einen Scanner auch als Fax-Gerät zur Übertragung von Bildern über das Telefonnetz einsetzen zu können.

Bildschirme

Auf dem Bildschirm erfolgt beim DTP die ganze Arbeit der Zusammenfügung einer Seite des Dokuments. So wird man bald merken, daß die herkömmlichen PC-Bildschirme, unabhängig vom Grafikstandard, mit dem sie ausgerüstet sind, dafür nicht besonders gut geeignet sind. Auf einem 13-Zoll-Bildschirm läßt sich eine ganze Seite nicht im Detail darstellen, man benötigt ein häufiges Umschalten von reduzierter zu normaler oder meistens vergrößerter Darstellung. Das Editieren von Texten oder Grafiken kann zum Alptraum werden, da außerdem auch eine Verzerrung der Abbildungen (z. B. werden Kreise oft als Ellipsen dargestellt) stattfindet. Deshalb geht die Tendenz für DTP-Anwendungen zu großformatigen Bildschirmen mit hoher Auflösung. Damit werden Produktivität und Akkuratesse für DTP-Systeme zu einem großen Teil vom verwendeten Bildschirm bestimmt. Eine Untersuchung zeigte, daß etwa ein Drittel der Zeit bei der Herstellung einer druckfertigen Seite eingespart werden kann /2/. Nur mit einem großformatigen Bildschirm hoher Auflösung läßt sich der von den am meisten genutzten DTP-Softwarepaketen erhobene Anspruch „Was du (auf dem Bildschirm) siehst, ist was du (auf dem Drucker)

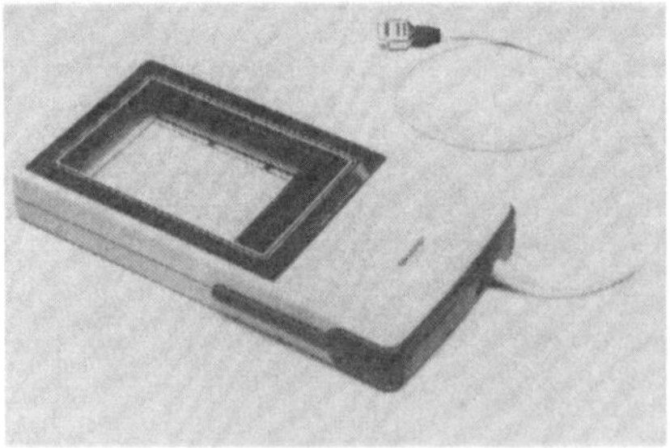

Den nach eigenen Angaben kleinsten Farbscanner der Welt präsentierte Sharp zur CeBIT '89. Der Handy-Farbscanner JX-100 soll besonders für nichtprofessionelle DTP-Anwender erschwinglich sein. Das Gerät scannt Vorlagen bis zur Größe von A6 bei einer Auflösung von 200 dpi.

erhältst" rechtfertigen (WYSIWYG – What you see is what you get). Bildschirme mit hoher Auflösung beginnen bei einer Bildschirmdiagonale von 16 Zoll und reichen gewöhnlich bis 19 Zoll, Hoch- oder Querformat. Die Auflösung variiert zwischen 1024 und 2880 Pixel horizontal und zwischen 600 und 1280 vertikal. Verglichen mit einer Auflösung von 640 × 320 für den EGA(Enhanced Grafics Adapter)-Standard von IBM ist das ein wesentlicher Fortschritt. Allerdings sind diese Bildschirme nur als Schwarzweiß-Bildschirme ausgelegt. Eine der Richtungen, die die Entwicklung von Bildschirmen mit hoher Auflösung nimmt, ist nicht so sehr die Erhöhung der Auflösung für die Textdarstellung, denn diese ist faktisch durch die verwendete Schriftgröße begrenzt (und wird kaum unter 6 typographischen Punkten liegen), sondern

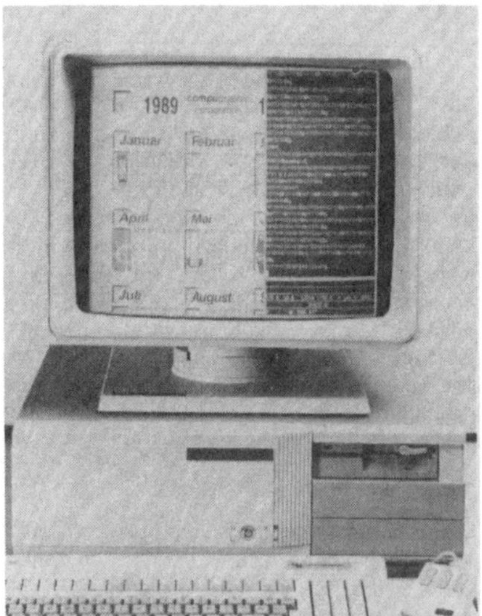

Weniger für das gelegentliche „Publizieren am Schreibtisch" als vielmehr für professionelles Arbeiten im Satz- und Layoutbereich präsentierte die Compugraphic Deutschland GmbH kürzlich die Workstation Integrator 19/386 mit 80386-Prozessor, 19-Zoll-Bildschirm, 80-MByte-Festplatte und Unix-Betriebssystem. Damit ist es beispielsweise möglich, Echt-Schriften (WYSIWYG-Prinzip) auf der einen und die Befehle auf der anderen Seite des Bildschirms darzustellen, das heißt, interaktives, paralleles Arbeiten an der Analogdarstellung und im Befehlsprogramm. Die so gestalteten kompletten Seiten lassen sich wahlweise auf hochauflösende Laserbelichter oder Laserdrucker ausgeben.

eher die Erhöhung der Anzahl der abgebildeten unterschiedlichen Grautöne für Abbildungen, um diese entsprechend manipulieren zu können. Es zeichnet sich langsam ein Standard für diese Bildschirme ab, der bei 1280 × 960 oder 1280 × 1024 Pixel liegen wird. Mit der Einführung eines Standards würde sich die Zahl der gegenwärtigen Treiber und Steuereinschübe wesentlich verringern, und herkömmliche Textverarbeitungs-, Tabellen oder Grafikprogramme könnten mit einem Standardtreiber ausgerüstet werden. Die Preise für großformatige Bildschirme mit hoher Auflösung liegen bei dem drei- bis fünffachen Preis eines IBM VGA (Video Graphics Array)-Farbbildschirms oder dem sechs- bis zehnfachen Preis eines CGA(Color Graphic Adapter)-Farbbildschirms.

Maus

Bedingt durch die gleichzeitige Verwendung von Texten, Grafiken und Abbildungen in einem Dokument sind DTP-Softwarepakete mit einem grafischen Interface ausgestattet, welches die Nutzung einer Maus voraussetzt. Die Maus dient dabei zusammen mit dem Keyboard als Steuerungs- oder Eingabegerät für bestimmte Anwendungen, z. B. der Erzeugung mit der DTP-Software. Eine Maus gehört für neuere Apple-Macintosh-Computer bereits zur Standardausrüstung. Mit dem neuen OS/2-Betriebssystem für IBM-PCs wird die Maus auch für diese Computer zum Standard werden. Nutzer von Microsoft Windows oder Digital Research GEM, beides weit verbreitete grafische Interfaces, die auch in DTP-Software Verwendung finden, sind schon seit längerem an die Arbeit mit der Maus gewöhnt. Eine Maus besitzt eine Auflösung von 200 bis 320 Pixel pro Zoll und hat damit eine bessere Auflösung als herkömmliche Bildschirme. Es gibt Mäuse mit einer, zwei oder drei Drucktasten. Der eigentliche Unterschied zwischen verschiedenen Typen liegt in der Art der Übertragung der Bewegung. Hier gibt es die optische Maus, in der Lichteffekte, von optischen Sensoren registriert, in die Bewegung des Zeigers auf dem Bildschirm umgewandelt werden. Die mechanische Maus basiert darauf, daß ein Gummiball bewegt wird, der mechanische Sensoren veranlaßt, den Zeiger auf dem Bildschirm zu bewegen. Der Vorteil der optischen Maus liegt in ihrer Zuverlässigkeit und ihr Nachteil darin, daß sie eine Unterlage mit einem Raster und damit mehr Platz als eine mechanische Maus benötigt. Deren Nachteil besteht in der Verschmutzungsgefahr des Gummiballs, mit der ihre Leistungsfähigkeit abnimmt. Das führte zur Entwicklung der optomechanischen Maus, in der sich ein Gummiball bewegt, dessen Bewegungen dann mittels optischer Erkennungssysteme auf den Bildschirm übertragen werden. Die Maus kann in serieller (dabei wird der serielle Ausgang am PC genutzt) oder Bus-Ausführung (dafür wird ein Einschub benötigt) geliefert werden. Die Maus ist ein sehr billiges Eingabegerät und liegt meist unter dem Preis eines Keyboards; Treiber für die bekanntesten Softwarepakete werden in vielen Fällen von den Maus-Herstellern mitgeliefert.

Laserdrucker

Das am weitesten verbreitete Ausgabegerät in DTP-Arbeitsplätzen ist der Laserdrucker, der auch beste Ausgabequalität garantiert. Die Entwicklung dieser Drucker geht in die Richtung höherer Auflösung, geringer Preise, verbesserter Funktionstüchtigkeit und besserer Farbqualität, einschließlich Mehrfarbendruck. Damit sollen die Ansprüche insbesondere von DTP-Nutzern weiter befriedigt werden und die Fähigkeiten, die sich aus der Anwendung anderer Komponenten von DTP-Systemen ergeben, besser genutzt werden. Der Hauptgrund, warum Laserdrucker mehr und mehr Anwendung finden, ist die hohe Ausgabequalität. Danach kommen Funktionstüchtigkeit, Preis sowie Hard- und Softwarekompatibilität. Laserprinter starten heute bei einer Auflösung von 240 und reichen bis 600 Pixel je Zoll. Der Standard ist 300 Pixel je Zoll. Dies entspricht zwar Briefqualität, reicht aber noch nicht an Schriftsatzqualität heran, die bei etwa 600 Pixel je Zoll beginnt. Für diese Qualität bezahlt man einen hohen Preis, der vier- bis fünfmal höher als der von Standardlaserdruckern ist. Ein Faktor, der den Preis beeinflußt, ist der Preis für den Hauptspeicher, den der Laserdrucker benötigt. So besitzt ein Laserprinter mit 600 Pixel je Zoll Auflösung mindestens 4 MByte eigenen Hauptspeicher. Die meisten Laserprinter sind mit einer Reihe eigener Schriftsätze ausgestattet und simulieren verschiedene Druckstandards.

Ein typischer Vertreter der gegenwärtigen leistungsfähigen Tisch-Laserdrucker ist der neue PC Laser 6000/PS von RICOH. 300 dpi Auflösung, Druckgeschwindigkeit 6 Seiten/Minute, Motorola-68000-Mikroprozessor, 2 bis 4 MByte RAM sind seine Merkmale. Hervorgehoben wird die bei diesem Modell integrierte Seitenbeschreibungssprache PostScript, so daß die Arbeit mit bekannten DTP-Programmen möglich wird.

Für DTP hat sich eine eigene Seitenbeschreibungssprache herausgebildet, die mehr oder weniger zum Standard geworden ist – PostScript. Diese Sprache gestattet es, Text und Grafik gemeinsam auszugeben, wobei der Text ebenfalls im Grafikmodus gedruckt wird. Die gebräuchlichsten DTP-Softwarepakete besitzen einen PostScript-Treiber und senden die zu druckenden Dokumente im PostScript-Format zum Laserdrucker, der diese dann im eigenen Hauptspeicher aufbereitet. Dabei beeinflußt die Größe des Hauptspeichers wesentlich die Druckgeschwindigkeit mit. Laserprinter besitzen eine Reihe sich schnell abnutzender und anfälliger Teile. Sie bedürfen daher periodischer und aufmerksamer Wartung, des relativ häufigen Wechsels einzelner Teile und der ständigen Nachfüllung von Toner. Dadurch ergeben sich ständige hohe Nebenkosten, die bald die Anschaffungskosten übersteigen können. Der Preis für Laserdrucker mit 300 Pixel je Zoll Auflösung liegt bei dem Drei- bis Fünffachen des Preises für einen 24-Nadeldrucker.

Verschiedene Produzenten arbeiten an der Entwicklung von Farblaserprintern. Erste Modelle zeichnen sich vor allem durch einen hohen Preis aus und haben deshalb noch keine massenhafte Anwendung gefunden. Die Alternativen für farbige Druckausgabe sind Thermo- und Tintendruck, die den Hauptanteil am Farbdruckermarkt besitzen und noch eine Weile halten werden.

Als Electronic Publishing bezeichnet Agfa das Einsatzgebiet seines Systems Agfa Press, das bereits über den Bereich des Desktop Publishing hinausgeht. Basis ist demzufolge eine leistungsstarke Sun-Workstation 386i/150 mit Scanner, WYSIWYG-Bildschirm und LED-Drucker P 400 PS, der leistungsfähiger als ein herkömmlicher Laserdrucker ist. Beispielsweise hat er eine Auflösung von 400 dpi und eine Leistung von 18 Drucken pro Minute. Selbstverständlich ist auch die Ausgabe auf einen Laserbelichter möglich, der bis zu 2400 dpi auf Reprofilmen für den Offsetdruck liefert.

Software

Die bekanntesten DTP-Softwarepakete sind Aldus Pagemaker und Rank Xerox Ventura Publisher, deren Marktanteile relativ gleich sind. Beide gewährleisten den Import von Texten, erzeugt mit den bekannten Textverarbeitungssystemen, von Grafiken, die mit den gebräuchlichsten Grafikprogrammen erstellt wurden, oder Abbildungen, die digitalisiert wurden. Beide Pakete verwenden ein grafisches Interface; Pagemaker nutzt Microsoft Windows und Ventura basiert auf GEM. Der wesentlichste Unterschied besteht in der Behandlung der Texte. Während Pagemaker diese in das eigene Format integriert, beläßt Ventura den Text in seinem ursprünglichen Format, so daß dieser immer wieder mit dem verwendeten Textverarbeitungssystem verarbeitet werden kann.

Anwendungsmöglichkeiten

DTP besitzt ein weit gefächertes Anwendungsspektrum, welches von der Erzeugung von Speisekarten, Einladungen, Lebensläufen bis hin zu Projektdokumentationen, wissenschaftlichen Studien, Berichten, Bedienungsanleitungen, Broschüren usw. reicht. So produziert Volvo das Bedienungshandbuch für das Modell 740 mittels DTP und konnte dadurch wesentlich die Operativität durch die kurzfristige Berücksichtigung von Änderungen erhöhen. Dabei bedient man sich einer Software, die eine Brücke zu AutoCAD beinhaltet. Die Kosten für die Herstellung des Handbuches konnten erheblich gesenkt werden. Im Sekretariat der Vereinten Nationen wird das Layout der monatlichen „Betriebs"-Zeitung, genannt „Sekretariatsneuigkeiten", seit kurzem mittels DTP erstellt. Der Autor dieses Artikels erzeugte über zwanzig Grafiken für einen wissenschaftlichen Bericht, außerdem ein Handbuch für die Benutzung einer Datenbank mit 25 Seiten. Über dabei gewonnene Erfahrungen mit Ventura Publisher wird in einem weiteren Beitrag berichtet werden.

Literatur
/1/ PC Publishing, Vol. 3, No. 2, Februar 1988, S. 14
/2/ PC Publishing, Vol. 3 No. 5, Mai 1988, S. 20

TERMINE

Grundlehrgänge Forth-Programmierung

WER? KDT-Bezirksverband Suhl und Technische Hochschule Ilmenau
WANN? 4. bis 8. September 1989 (1. Lehrgang)
11. bis 15. September 1989 (2. Lehrgang)
WO? Rechentechnisches Kabinett der TH Ilmenau
WAS?
- Aufbau und Arbeitsweise von Forth
- Einführung in den Grundwortschatz von Forth-83
- Erarbeiten und Testen von Beispielprogrammen

WIE? Anmeldungen und Auskünfte beim KDT-Bezirksverband, Bereich Weiterbildung, PSF 510, Suhl, 6000; Tel. 22112

Dr. Finsterbusch

Kleines Lexikon der Mikrorechentechnik

**K
wie Kelleroperation**

Zeichnung: Dahmen

Logikanalyse des Mikroprozessors 8086/88

Frank Piepiorra, Gunnar Rothmann
Technische Universität Dresden, Sektion Informationstechnik

Einführung

Für die Lösung zahlreicher Probleme, die bei der Entwicklung und beim Betrieb von Hard- und Softwarekomponenten von mikroprozessorgesteuerten Schaltungen und Geräten auftreten, haben sich Logikanalysatoren als vielseitig einsetzbare Meßgeräte bewährt. In /1/ und /2/ wurde darauf hingewiesen, daß für die Analyse eines integrierten Mikroprozessors der Einsatz eines angepaßten Adapters zwischen dem Meßobjekt und dem Logikanalysator notwendig ist. Diese als Hardware von Prozessorproben bezeichneten Anordnungen können passiv oder aktiv sein /2/, /3/. Um eine hohe Wirksamkeit des Logikanalysators garantieren zu können und im Interesse einer einfachen Betriebssoftware, ist es für viele Prozessoren günstiger, aktive Proben einzusetzen.

Anlehnend an /4/ wurde die Hardware einer Prozessorprobe für die Mikroprozessoren I8086 und I8088 so entwickelt, daß diese prinzipiell an jeden Logikanalysator, der folgende Kriterien erfüllt, anschließbar ist:

– Kanalbreite: 52 Kanäle (der Einsatz von Logikanalysatoren mit weniger Meßkanälen ist prinzipiell möglich, aber mit einem entsprechenden Informationsverlust verbunden)
– Abtastfrequenz: 10 MHz bei externem Takt über einen externen Takteingang.

Daraus ist ersichtlich, daß der Logikanalysator in Zusammenarbeit mit der Prozessorprobe in der Betriebsart Zustandsanalyse /5/ betrieben wird. Mikrorechnergesteuerte Logikanalysatoren, welche eine solche Betriebsart zulassen, verfügen auch über eine entsprechende Software zur Anzeige der aufgezeichneten Meßdaten in hexadezimaler oder binärer Form. Damit wird schon eine einfache Auswertung der (mit Hilfe der Hardware einer Prozessorprobe) gewonnenen Meßdaten, zur Untersuchung von Hard- und Software durch die Anzeige einer vollständigen oder unvollständigen Programmspur oder der Busaktivitäten des Mikroprozessors, in Tabellenform möglich /2/. Weitere leistungsfähigere Auswerteverfahren, beispielsweise eine Disassemblierung der Programmspur oder eine Softwareleistungsanalyse, erfordern die schon erwähnte angepaßte Probenbetriebssoftware.

Betriebsarten der Prozessorprobe

Als eigenständige Vorsatzkomponente für einen Logikanalysator besteht die Hauptaufgabe der Hardware einer Prozessorprobe darin, die an den Prozessorpins des Meßobjektes anliegenden Informationen geeignet zu interpretieren und zu qualifizieren, daraus einen definierten Abtasttakt für den nachfolgenden Logikanalysator zu generieren und die qualifizierten Informationen über die Funktion des Meßobjektes zum Abtastzeitpunkt dem Logikanalysator (in geeigneter Form) zur Verfügung zu stellen. Betrachtet man die Arbeitsweise eines beliebigen nach der Von-Neumann-Architektur aufgebauten Mikroprozessors, so können aus den an den Prozessorpins anliegenden

– Status- und/oder Steuersignalinformationen
– physischen Adreßinformationen
– Daten- und Operandeninformationen

umfangreiche Schlußfolgerungen über die Arbeit des Prozessors in einem System gezogen werden. Die aktive Prozessorprobe erkennt und verarbeitet vorrangig diese Informationen. Im vorliegenden Fall gilt das für die Prozessoren I8086 und I8088, die sowohl im Minimum- als auch im Maximummodus betrieben werden können.

Der Prozessor I8086 vereinigt zwei Spezialprozessoren auf einem Chip (siehe Bild 1). Zum einen die *Execution-Unit* (EU) und zum anderen die *Bus Interface Unit* (BIU).

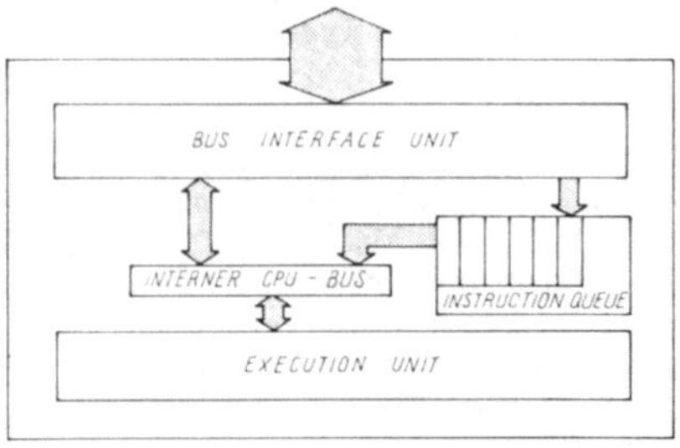

Bild 1 Vereinfachtes Blockschaltbild des Prozessors I8086

Die *Execution Unit* verfügt über alle Komponenten eines herkömmlichen Mikroprozessors zur Befehlsausführung und Operandenmanipulation. Der wesentliche Unterschied zu vorhergehenden Typen (z. B. I8008, I8080) besteht darin, daß die EU keinen Zugriff auf den externen Bus besitzt. Diese Art der Kommunikation wird von der *Bus Interface Unit* verwaltet. Sie organisiert alle erforderlichen Buszugriffe. Eine interne Warteschlange (*Instruction Queue*) wird durch die BIU entsprechend dem Pipeline-Prinzip mit Befehlen, die auf den sequentiell folgenden Adressen stehen, gefüllt. Aus dieser Struktur ergibt sich, daß bei einer Programmverzweigung nicht alle in der Warteschlange abgespeicherten Befehle auch wirklich abgearbeitet werden /6/. Aus dieser Aussage lassen sich für die Prozessorprobe zwei Betriebsarten ableiten:

Busmodus

Die Abarbeitung von Befehlen im Mikroprozessor wird durch eine definierte Aneinanderreihung von Buszyklen organisiert. Welche verschiedenen Arten von Buszyklen es beim Prozessor I8086 gibt, zeigt Tafel 1.

Die durch die BIU generierten Buszyklen ermöglichen die Kommunikation des Mikroprozessors mit seiner Hardwareumgebung. Wünscht ein Nutzer die Aufzeichnung der Informationen, die während der Zeit eines Buszyklus verarbeitet werden, so wird am Ende des jeweiligen Zyklus in der Prozessorprobenhardware ein Abtasttakt generiert. Mit diesem Abtasttakt werden alle relevanten, meist in Zeitteilung vorliegenden Informationen, nachdem sie in der Hardware der Prozessorprobe in die Raumteilung überführt wurden, parallel in den als Zustandsanalysator arbeitenden Logikanalysator übernommen.

Tafel 1 Busaktivitäten des 8086/8088 (nach /7/)

Belegung der Statussignale			Buszyklus
/S0	/S1	/S2	
0 (Low)	0	0	INTERRUPT ACKNOWLEDGE
0	0	1	READ I/O PORT
0	1	0	WRITE I/O PORT
0	1	1	HALT
1 (High)	0	0	CODE ACCESS
1	0	1	READ MEMORY
1	1	0	WRITE MEMORY
1	1	1	PASSIV (NO BUS CYCLE)

Die Prozessorprobe ermöglicht es, die Auswahlkriterien für die interessierenden Buszyklen in Abhängigkeit vom Verlauf des Meßvorganges dynamisch zu verändern. Als Ergebnis dieser Analyse erhält man ein Protokoll aller Aktivitäten der BIU, wie sie sich aus dem Verhalten der EU ableiten. Es wurden auch die Buszyklen erfaßt, die die BIU zum Füllen ihrer internen Warteschlange einleitet, unabhängig davon, ob der eingeschriebene Operationscode dann auch wirklich abgearbeitet wird. Durch die Arbeitsweise des Prozessors kann es dabei zu einer Verschachtelung der Buszugriffe, die durch die EU oder die BIU initiiert wurden, kommen. Diese Betriebsart eignet sich sowohl zur Untersuchung der Hardware des Meßobjektes, als auch zur Funktionsüberprüfung der Ressourcenverwaltung durch die Software eines Systems.

Befehlsmodus

Diese Betriebsart erlaubt die Aufzeichnung einer Programmspur als eine sequentielle Folge aller abgearbeiteten Befehle und einer eventuell darauf folgenden Aktivität des Prozessors auf dem Bus (z. B. Operandentransfers). Alle durch die EU nicht abgearbeiteten Befehle, die aber durch die BIU in die Warteschlange eingetragen worden sind, werden erkannt und in der Prozessorprobenhardware ausgesondert. Dadurch wird erreicht, daß

– die Triggerung des Logikanalysators ausschließlich auf ausgeführte Programmabschnitte reagiert
– die Auswertung der Meßdaten übersichtlich und einfach wird
– die Überführung in andere Darstellungsformen der Meßwerte (z. B. mnemonische Darstellung) durch spezielle Betriebssoftware wesentlich erleichtert werden kann
– der Meßwertspeicher des Logikanalysators weitgehend von irrelevanten Eintragungen befreit wird.

Diese Art der Meßwerterfassung unterstützt besonders die Methoden zur Softwareuntersuchung im Meßobjekt.

Werden beide Betriebsarten der Prozessorprobe miteinander kombiniert, so lassen sich

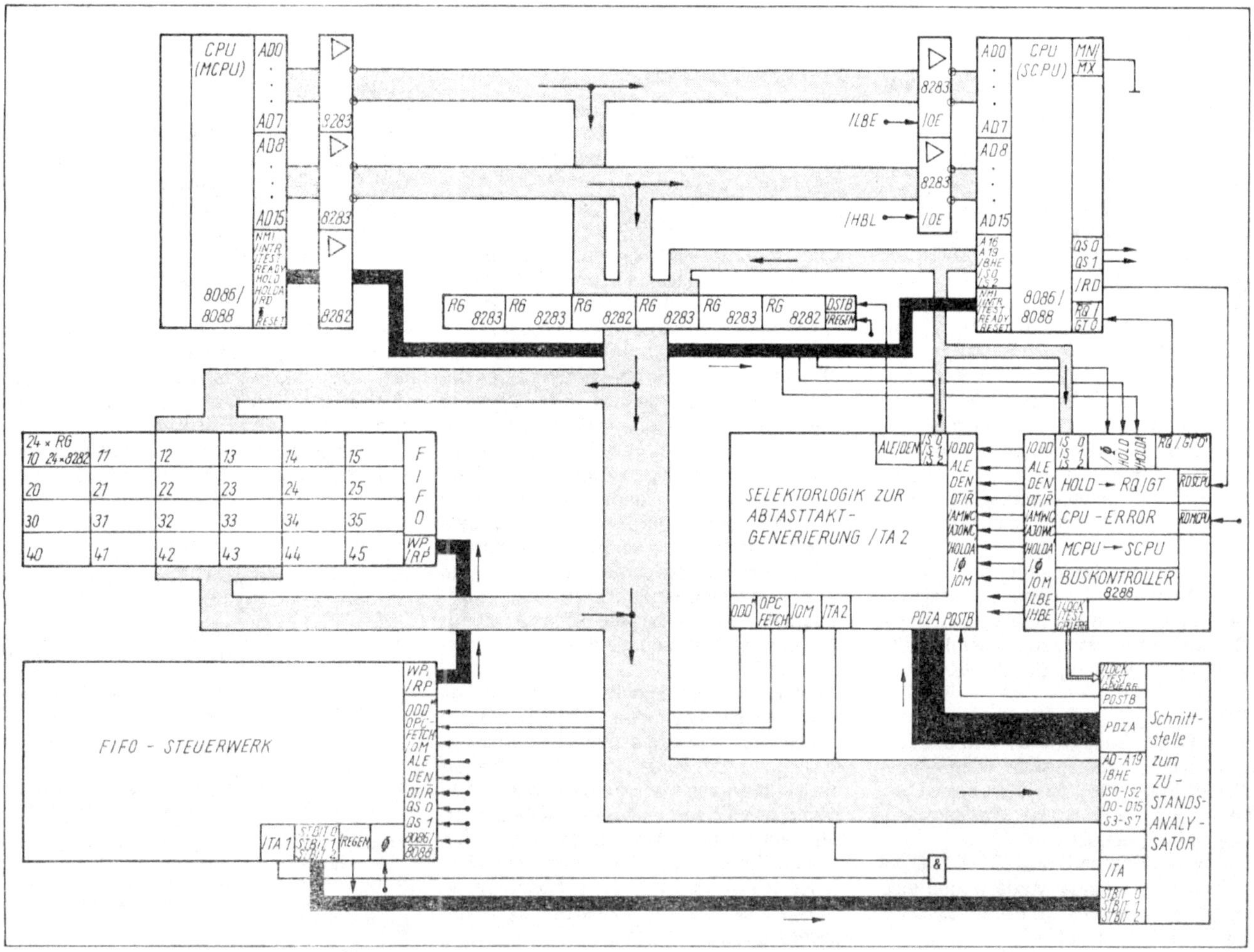

Bild 2 Blockschaltbild der Prozessorprobe für I8086/8088

sehr leicht die kausalen Bezüge zwischen den registrierten Veränderungen von Systemressourcen und den diese auslösenden Softwarekomponenten herstellen.

Konzeption der Hardware

Das Blockschaltbild der Hardware der Prozessorprobe zeigt Bild 2. An Hand der dargestellten Komponenten wird im folgenden eine grobe Erläuterung der verschiedenen Funktionen gegeben und auf Modifikationsmöglichkeiten hingewiesen. Diese Konzeption erlaubt es, abhängig von den Meßbedingungen und -zielen, auf einzelne Funktionen zu verzichten und den doch erheblichen schaltungstechnischen Gesamtaufwand anwenderspezifisch zu senken.

Allein aus den an den Prozessorpins des Meßobjektes vorliegenden Informationen ist es nicht in jedem Falle möglich, beide vorgestellten Betriebsarten zu realisieren. Dazu ist es erforderlich, die interne Kommunikation zwischen der EU und der BIU für die Verwaltung der internen Warteschlange auszuwerten. Eine im Maximummodus betriebene CPU liefert über zwei Statuspins (QS0, QS1) alle dazu notwendigen Informationen. Um auch bei einer im Minimummodus betriebenen CPU diese Angaben erhalten zu können, wird eine parallel arbeitende CPU im Maximummodus mit völlig gleichen Daten versorgt. Die dabei auftretenden und in /4/ erwähnten Probleme wurden gelöst, und die synchrone Arbeitsweise der beiden Prozessoren wird während des gesamten Meßprozesses kontrolliert. Arbeitet das Meßobjekt ausschließlich im Maximummodus, kann auf die Parallel-CPU verzichtet werden.

Tafel 2 gibt einen Überblick über die Struktur der von der Prozessorprobe gelieferten Meßdaten.

Realisierung des Busmodus

Die Schaltung besteht aus der Selektorlogik zur Abtasttaktgenerierung für den Logikanalysator und einer Busregisterlogik. Zusätzlich werden hier Signale erzeugt, die einen Befehlsanfang und einen Zugriff auf eine ungerade Adresse anzeigen und die Auswertung der Meßdaten im Logikanalysator erleichtern helfen sollen.

Alle in Tafel 1 aufgelisteten Buszyklen lassen sich disjunktiv verknüpft zur Gewinnung der Meßdaten heranzuziehen. Mit geeigneten Takten werden alle benötigten Informationen während der ausgewählten Buszyklen in die Busregister übernommen und raumgeteilt. Am Ende eines Buszyklus erfolgt dann die Übergabe an den Logikanalysator durch das Generieren eines externen Taktes.

Realisierung des Befehlsmodus

Für diese Betriebsart wurde extern die Schnittstelle der Datenübergabe der Befehlscodes aus der Warteschlange der BIU an die EU nachgebildet. Dadurch läßt sich zeitgleich mit dem Zugriff der EU auf die Warteschlange der abzuarbeitende Befehlscode an den Logikanalysator übertragen. Voraussetzung dafür ist ein Speicher, mit dem sich transient

Tafel 2 Struktur der Meßdaten

Meßkanäle des Logikanalysators	Meßwert	Erläuterung
1–20 21	A0–A19 /BHE	physische Adresse mit Informationen über die angesprochenen Speicherbänke
22–24	/S0–/S2	Statuswort der CPU im Maximummodus zur Charakterisierung der Art des Buszugriffs
25–40	D0–D15	Operanden, Befehle, Daten, die über den 16-Bit-Daten-/Adreßbus übertragen wurden
41–45	S3–S7	durch die CPU ausgegebenes Statuswort, repräsentiert einen Teil des PSW der CPU
46–48	STBIT0–STBIT2	durch die Prozessorprobe generierte Statussignale zur Interpretation der Befehlsbytes
49	/LOOK	Zustand des LOOK-Pins zum Zeitpunkt der Abtastung
50	EU-Zugriff	unterscheidet Befehlscodes von Operanden
51	CPU-Error	Überwachung der synchronen Arbeitsweise der Probe
52	/TEST	Zustand des TEST-Pins zum Zeitpunkt der Abtastung

die BIU-Aktivitäten protokollieren lassen. Dieser Speicher, mit logischer FIFO-Struktur, besitzt für die Prozessorprobe vier Ebenen mit je 48 Bit Speicherkapazität. Die Verwaltung übernimmt ein Steuerwerk, das folgende Funktionen organisiert:

1. Beschreiben des Speichers durch BIU-Aktivitäten (FIFO-WR-Logik)

Die FIFO-WR-Logik generiert nach Ablauf eines Buszyklus, der einen Eintrag in die interne Warteschlange des Prozessors zur Folge hat, einen Schreibimpuls (WR), der die Übernahme der Informationen über die Prozessoraktivität in die aktuelle FIFO-Ebene zur Folge hat.

2. Lesen des Speichers durch den Logikzustandsanalysator (FIFO-RD-Logik)

Unter der FIFO-RD-Logik sind vereinigt:

– eine Logik zum Adressieren und Auslesen einer FIFO-Ebene; sie organisiert, daß die aktuellen Meßdaten zum Abtastzeitpunkt an den Meßkanälen des Logikanalysators stabil anliegen.

– eine Logik zum Generieren der Statussignale STBIT0 – STBIT2; diese Statussignale dienen ebenfalls dem Kennzeichnen der Meßdaten zur Unterstützung ihrer Interpretation bei der Auswertung. Es gilt folgende Zuordnung:

STBIT0

– aktiv: Beide Bytes (D0–D7 und D8–D15) des an den Logikanalysator übertragenen Meßwertes sind gültig, das heißt, beide Bytes wurden durch die EU aus der Warteschlange geholt und abgearbeitet.

– inaktiv: Nur das NWT-Byte (D0–D7) ist gültig. Die Warteschlange wurde wegen einer Programmverzweigung gelöscht. Gleichzeitig ist das STBIT2 ungültig.

STBIT1

– aktiv: Das NWT-Byte ist ein FIRST BYTE OF OPC.

– inaktiv: Das NWT-Byte ist ein SUBSEQUENT BYTE OF OPC.

STBIT2

Kennzeichnet analog zur Funktion von STBIT1 die Spezifikation des HWT-Bytes (D8–D15).

3. Löschen des FIFO

Das Löschen der Warteschlange in der CPU bei einer beliebigen Programmverzweigung wird im externen FIFO nachvollzogen.

4. Generieren eines Abtasttaktes für den Logikanalysator

Mit dieser Logik wird ein entsprechender Abtasttakt als Reaktion auf eine EU-Aktivität nach Bereitstellen der Daten an den Meßkanälen für den Logikanalysator erzeugt.

Für das Aufzeichnen einer Operation der CPU als Ergebnis der Abarbeitung eines Befehls (z. B. Datentransport zum Speicher oder zum Ausgabetor) wird die Logik für den Busmodus hinzugezogen. Da auch im Fall des „fast“ gleichzeitigen Zugriffs der EU auf die interne Warteschlange und der BIU auf Systemressourcen bei der Abarbeitung eines Programms alle dabei verarbeiteten Informationen an den Logikanalysator übertragen werden müssen, ergibt sich für den Logikanalysator eine maximale Abtastfrequenz, die über der Taktfrequenz des Mikroprozessors liegt.

Während für alle Schaltungskomponenten konventionelle Lösungen mit Hilfe einfacher kombinatorischer und sequentieller Automaten angewendet wurden, macht es sich erforderlich, die komplexe FIFO-RD-Logik mit einem schnellen sequentiellen PROM-Steuerwerk aufzubauen. Dadurch lassen sich, neben der Minimierung des schaltungstechnischen Aufwandes und einer hohen Reaktionsgeschwindigkeit, einheitliche Signalverzögerungszeiten erzielen.

Ausblick

Die zur Analyse am Mikroprozessor I8086 gemachten Aussagen lassen sich sinngemäß auf den I8088 übertragen. Auf spezielle Einzelheiten soll nicht eingegangen werden.

Vor Beginn der Messung nimmt der Nutzer eine Anpassung der Prozessorprobe an sein Meßobjekt vor. Das betrifft die Auswahl des Prozessortyps und die Betriebsartenauswahl der CPU sowie die Initialisierung der Prozessorprobe. Diese Angaben werden während der ganzen Messung konstant gehalten.

Die Auswahl der aufzuzeichnenden Buszyklen kann während der Messung dynamisch verändert werden. Manche Logikanalysatoren bieten dazu die Möglichkeit der Ausgabe eines Steuerwortes in Abhängigkeit vom Erkennen einer bestimmten Datenfolge auf den Meßkanälen. Welche von den durch die Prozessorprobe angebotenen Daten letzlich im Meßwertspeicher des Logikanalysators wiederzufinden sind, hängt zunehmend von den Fähigkeiten der zum Einsatz gelangenden Logikanalysatoren zur weiteren Datenreduktion und -selektion ab.

Literatur

/1/ Meusel, K.-H.; Piepiorra, F.: Softwareanalyse mit Logikanalysesystem LAS 20. Radio, Ferns., Elektron., Berlin 35 (1986) 2, S. 71

/2/ Piepiorra, F.: Logikanalyse an mikrorechnergesteuerten Geräten. Nachrichtentech., Elektron., Berlin 37 (1987) 1, S. 17

/3/ van Eijkelenburg, H.; Machnik, K.: Disassembler vereinfacht Logikanalyse. Elektronik, München (1984) 15, S. 66

/4/ Grebenstein, F.: Logikanalyse an 8086-Systemen, Elektronik, München (1981) 23, S. 87

/5/ Götze, B.; Meusel, K.-H.; Nicklisch, G.: Logikanalysator LA 32/20. Radio, Ferns., Elektron., Berlin 34 (1985) 10 u. 11, S. 626 u. 719

/6/ INTEL: iAPX 86/88. iAPX 186/188. User's Manual – Programmers Reference. Intel 1986

/7/ INTEL: Microsystem Components Handbook, Microprocessors And Peripherals. Volume 1, Intel 1985

✉ KONTAKT ☏

Technische Universität Dresden, Sektion Informationstechnik, B 2, Mommsenstraße 13, Dresden, 8027; Tel. 4632118

Wo stehen wir bei der Softwareproduktion?

Mit der breitenwirksamen Nutzung moderner Personalcomputer, hochleistungsfähiger 32-Bit-Rechentechnik sowie arbeitsplatznaher CAD/CAM-Systeme und den geschaffenen technischen Voraussetzungen, um Datennetze zu nutzen, wurde das Anwendungsniveau der modernen Rechentechnik und CAD/CAM-Technologie bedeutend erhöht. Damit hat sich Software als wirksamste Form, in der wissenschaftlich-technisches Wissen und die gesamte Erfahrung über komplexe Informations- und Kommunikationsprozesse mit Hilfe der modernen Rechentechnik direkt nutzbar gemacht werden, zu einem der Faktoren herausgebildet, die das technologische Niveau der DDR als entwickeltes Industrieland bestimmen.

Im Jahr 1987 wurde – bei einem durchschnittlichen Zuwachs von 25 Prozent zwischen den Jahren 1986 und 1988 – der Betrag von einer Milliarde Mark für das Wertvolumen der Softwareherstellung überschritten. Im gleichen Zeitraum nahm das Wertvolumen der für den eigenen Bedarf, d. h. für die Rationalisierung der betrieblichen Prozesse in der Leitung und Verwaltung sowie der technisch-technologischen Prozesse der Produktion, hergestellten Softwarelösungen um etwa 38 Prozent pro Jahr zu. Die Effektivität der Softwareherstellung wurde seit 1986 jährlich um 6 Prozent durch die Nutzung moderner Softwarewerkzeuge und -herstellungstechnologien gesteigert.

Die für die nächsten Jahre zu erwartende Entwicklung des Softwarebedarfs und -herstellungspotentials macht deutlich, daß allen produktivitätserhöhenden Maßnahmen und einer weiteren Forcierung der Mehrfachnutzung eine entscheidende Rolle für die Dekkung des Bedarfs an Software zukommt.

Für 70000 CAD/CAM-Arbeitsstationen, die bis 1988 zum Einsatz gelangten, wurde leistungsfähige Basissoftware und CAD/CAM-Anwendungssoftware hergestellt und in die produktive Nutzung überführt. Allein damit ist für weit über 20000 Werktätige in den Bereichen der Leitung und Planung, der Forschung und Entwicklung und in der Produktion, also unmittelbar dort, wo das Tempo des breitenwirksamen Einsatzes der CAD/CAM-Schlüsseltechnologie bestimmt wird, ein qualitativ neues Niveau für eine höhere Effektivität der eigenen Arbeit und die Rationalisierung komplexer arbeitsteiliger Prozesse geschaffen worden. Analog zu den internationalen Erfahrungen beträgt der Anteil am Gesamtaufwand, der für anspruchsvolle und komplexe Lösungen durch die Anwender selbst zu realisieren ist, etwa 50 bis 70 Prozent.

Um die Anwender bei der effektiven Entwicklung eigener Lösungen zu unterstützen und die Nach- und Mehrfachnutzung zu fördern sowie verbindliche Regelungen zur Arbeitsteilung bei der Herstellung von Software zu schaffen, wurden 1986 die Anordnung über die Informations- und Beratungsleistungen zur Entwicklung, Produktion und Mehrfachnutzung von Software in der DDR (GBl. Teil I Nr. 9/1986) und die Anordnung über die Planung, Bilanzierung und Abrechnung von Software (GBl. Teil I, Nr. 4 1986) in Kraft

gesetzt. In Auswertung der bisher bei der Herstellung von Software gesammelten Erfahrungen hat der Ministerrat der DDR im vergangenen Jahr Maßnahmen zur weiteren Vervollkommnung der zentralen Leitung, Planung und Bilanzierung der Softwareherstellung auf der Basis eines abgestimmten strategischen Konzeptes der Entwicklung von Hard- und Software beschlossen.
Eine konzentrierte und konsequente Leitungstätigkeit spiegelt sich im hohen anwendungstechnischen Niveau der von den Bereichen Werkzeug- und Verarbeitungsmaschinenbau, Elektrotechnik und Elektronik, Chemische Industrie, Land-, Forst- und Nahrungsgüterwirtschaft, Bezirksgeleitete Industrie und Lebensmittelindustrie sowie Bauwesen und Erzbergbau, Metallurgie und Kali zum Einsatz gebrachten Anwendungslösungen wider. Hier hat sich die Bildung von Leiteinrichtungen, zentralisierten Koordinierungsorganen und konzentrierten leistungsfähigen Softwarekapazitäten, verbunden mit einer straffen Leitung der Prozesse, als Voraussetzung für eine produktive arbeitsteilige Herstellung und effektive Nutzung von Software bewährt.
Neben der weiteren Entwicklung dezentraler Kapazitäten der Softwareherstellung gewinnt der verstärkte Ausbau leistungsfähiger zentralisierter Softwarekapazitäten für die wirksame Anwendung ingenieurmäßiger Methoden der Softwareentwicklung einschließlich moderner Softwarewerkzeuge und effektiver Softwareentwicklungstechnologien wesentliche Bedeutung. So verfügen zum Beispiel Kombinate und Einrichtungen der Bereiche Elektrotechnik und Elektronik, Chemische Industrie, Handel und Versorgung sowie Verkehrswesen, in denen Software auf der Basis der Prinzipien der wirtschaftlichen Rechnungsführung hergestellt wird, über ein fortgeschrittenes Niveau der Herstellung von Anwendungssoftware. Dies ist durch einen hohen Anteil mehrfachnutzbarer Software und ein hohes Entwicklungstempo gekennzeichnet. Das zeigt, daß diejenigen Generaldirektoren gut beraten sind, die den weiteren Ausbau zentraler und leistungsfähiger Softwarekapazitäten in den Kombinaten unter ihrer Leitung konsequent fortsetzen und damit einen Weg beschreiten, der bei der weiteren Konzentration auf die Hauptlinien der Herstellung von Anwendungssoftware eine stabile Deckung des Softwarebedarfs gewährleisten wird.

Karl Nendel, Staatssekretär im Ministerium für Elektrotechnik und Elektronik

Umleitung für SUBMIT ist schneller

Frank Isekeit
Deutsche Reichsbahn, Ingenieurbüro für Rationalisierung des Eisenbahnbaues

Das im RAM angelegte logische Laufwerk E: des Arbeitsplatzcomputers A 7100/A 7150 bringt insbesondere bei der Arbeit mit solchen Programmen erhebliche Geschwindigkeitsvorteile, die eine große Anzahl von Diskettenzugriffen erfordern. Deshalb ist es sinnvoll, beim Systemstart die erforderlichen Dateien auf das Laufwerk E: zu kopieren und dieses dann als aktuelles Laufwerk zu wählen.
Eine besonders anwenderfreundliche und deshalb für Bediener ohne EDV-Kenntnisse zu empfehlende Möglichkeit dazu würde das Stapelverarbeitungsprogramm SUBMIT bieten, dessen Aufruf vorteilhaft in Form eines Kaltstartkommandos erfolgen kann /1/, /2/. Dabei zeigt sich aber ein Nachteil: Erscheint in der Kommandofolge ein Befehl zum Umschalten des aktuellen Laufwerkes auf E:, so wird dieser zwar abgearbeitet, alle danach folgenden Befehle aber ignoriert.
Für dieses Verhalten gibt es eine einfache Erklärung. Das Dienstprogramm SUBMIT wandelt die in der SUBMIT-Datei gespeicherte Kommandofolge in ein modifiziertes Format um und legt sie in der Arbeitsdatei $$$.SUB auf dem aktuellen Laufwerk ab /3/. Das ist nach dem Systemstart immer eines der Diskettenlaufwerke. Das Betriebssystem sucht nun auf dem aktuellen Laufwerk die Arbeitsdatei und arbeitet sie befehlsweise ab. Ein Wechsel des aktuellen Laufwerkes führt folglich zwangsläufig zum Abbruch der Abarbeitung.
Zur Lösung dieses Problems wäre es denkbar, ein Hilfsprogramm zu schaffen, das die Befehle zum Laufwerkswechsel auf E: und zum Aufruf des gewünschten Programmes direkt in den Tastatureingabepuffer im BIOS einschreibt (Realisierung der Funktionen der Tastatur-Interruptroutine). Dieses Programm könnte man als letzten Befehl in der SUBMIT-Datei aufrufen.
Ein solches Programm wurde praktisch erprobt und damit die prinzipielle Möglichkeit dieser Vorgehensweise bewiesen. Der entscheidende Nachteil der Methode besteht aber darin, daß sich die Adressen des Tastatureingabepuffers und der zu dessen Verwaltung erforderlichen Zeiger bei den Versionen 2.2 und 3.0 des Betriebssystems SCP 1700 um ein Byte unterscheiden und das Hilfsprogramm damit nicht universell einsetzbar ist.
Eine weitere Lösungsmöglichkeit besteht darin, das Dienstprogramm SUBMIT so zu verändern, daß es die Arbeitsdatei auf dem Laufwerk E: erstellt und vor Rückgabe der Steuerung an das Betriebssystem auch vom Kaltstartlaufwerk auf E: umschaltet. Damit entfällt die Notwendigkeit des Laufwerkswechsels während der Abarbeitung der Arbeitsdatei.
Für die praktische Realisierung wurde dieser Variante der Vorzug gegeben. Neben der Lösung des eingangs genannten Problems ergeben sich dabei zwei weitere Vorteile:

- Es können problemlos mehrere Stapelbefehle mit dem aktuellen Laufwerk E: abgearbeitet werden. Bei Nutzung eines Textverarbeitungssystems können so beispielsweise die bearbeiteten Dateien ohne Zutun des Bedieners bei Beendigung der Arbeit wieder auf eines der Diskettenlaufwerke zurückkopiert werden.
- Da der Rechner jeden abzuarbeitenden Stapelbefehl einzeln aus der Arbeitsdatei liest, treten durch die notwendigen Positioniervorgänge bei Diskettenlaufwerken relativ lange Verzögerungen auf, die bei der Arbeit vom Laufwerk E: (weitgehend) entfallen. Bei einem dazu durchgeführten Versuch konnte durch Abarbeitung vom Laufwerk E: im Vergleich zur Arbeit mit Laufwerk A: die Bearbeitungszeit von 55 s auf 45 s gesenkt werden.

Die Änderung kann mit Hilfe der Dienstprogramme DDT86 oder POWER erfolgen. An dieser Stelle sei jedoch nur die Vorgehensweise unter POWER dargestellt.
Zunächst wird die Datei SUBMIT.CMD in den Hauptspeicher geladen:

LOAD SUBMIT.CMD 4000<CR>

Bild 1 zeigt die mit Hilfe der *DS*-Funktion zu modifizierenden Speicheradressen jeweils mit dem alten und neuen Inhalt.

Adr.	Inhalt	zu ändern in
2Ø81:4Ø9B	19	ØE
4Ø9C	E8	B2
4Ø9D	3E	Ø4
4Ø9E	ØØ	E8
4Ø9F	A2	3C
2Ø81:4ØA1	Ø1	9Ø
2Ø81:4ØAE	ØA	ØC
4ØAF	Ø6	Ø4
4ØBØ	ØØ	9Ø
4ØB1	Ø1	9Ø
2Ø81:45C9	ØØ	Ø5

***Bild 1** Unter POWER auszuführende Änderungen*

Nach Ausführung der Änderung wird die Datei auf die Diskette zurückgeschrieben:
SAVE name.CMD 4000 31 <CR>
Für name kann wieder SUBMIT angegeben werden. Im Interesse der eindeutigen Unterscheidung von der Originaldatei sollte man aber einen anderen Dateinamen wählen.
Das Dienstprogramm SUBMIT mit der genannten Änderung wurde im Rahmen eines größeren REDABAS-Programmpaketes eingesetzt und hat sich dabei sowohl am A 7100 als auch am A 7150 unter SCP 1700 bewährt.

Anmerkung
Werden mehrere Dateien, die sich nicht durch Dateigruppenspezifikationen zusammenfassen lassen, mit PIP nach E: kopiert, so ist es zweckmäßig, zunächst die Datei PIP.CMD zu kopieren und anschließend von E: aufzurufen, was ebenfalls die Abarbeitungszeit verkürzt.

Literatur
/1/ Lennartz, M.: Veränderungen des SCP 1700. Mikroprozessortechnik 2 (1988) 4, S. 124
/2/ Herse, M.; Isekeit, F.: Änderungen am Betriebssystem SCP 1700. Mikroprozessortechnik 2 (1988) 6, S. 181
/3/ Arbeitsplatzcomputer A 7100, Anleitung für den Bediener. Teil „Dienstprogramme", S. 66

KONTAKT
Deutsche Reichsbahn, Ingenieurbüro für Rationalisierung des Eisenbahnbaus, Bereich Brandenburg, Uferstraße, Brandenburg-Kirchmöser, 1802; Tel. 276469

Externe Unterprogramme in Turbo-Pascal

Christian Hanisch, Berlin

Mit diesem Beitrag beenden wir unsere in MP 10/88 begonnene Artikelfolge zur hardwarenahen Programmierung, die in den Heften 11/88 und 3/89 fortgesetzt wurde.

Turbo-Pascal für CP/M-kompatible Betriebssysteme ist heute neben Basic-80 die dominierende Programmiersprache für Applikationen breiter Nutzerschichten in allen Branchen geworden. Bei Turbo-Pascal fällt im Unterschied zu Programmiersprachen wie Fortran, C oder Assembler das Fehlen eines Linkers auf. Im folgenden soll gezeigt werden, wie dieser *Mangel* sich methodisch positiv auf das Problem der dynamischen Einbindung externer Assembler-Unterprogramme in Turbo-Pascal-Programme auswirkt.

Im Turbo-Pascal-Programmiersystem kann über die O)ption E)nd address: C100 die höchste vom Pascal-Programm nutzbare TPA-Adresse niedriger als die aktuelle BDOS-Beginn-Adresse festgesetzt werden. Der dadurch freigehaltene Bereich kann unter anderem für sogenannte EXTERNAL-Unterprogramme genutzt werden. Diese externen Unterprogramme in Turbo-Pascal sind auf feste TPA-Adresse gelinkte und geladene. Maschinencodeprogramme beliebiger konventioneller Programmiersprachen (meistens in Assemblersprache). In diesem Falle ist der Assembler-INLINE-Code als Bestandteil eines Turbo-Pascal-Quelltextes (siehe PMLINK /1/ oder INLASS /2/) eine alternative Methode zur externen Unterprogrammtechnik.

Da EXTERNAL-Unterprogramme als COM-Dateien auf eine feste von 100H verschiedene TPA-Adresse gelinkt und geladen werden, ist die Programmverbindungs-Schnittstelle unabhängig von der zugrundeliegenden Programmiersprache nur durch Parameterübergabekonventionen bedingt, denen sich die gerufenen externen Unterprogramme gemäß der Ruf-Konvention für externe Unterprogramme vom Turbo-Pascal-System aus fügen müssen. Die Programmverbindung von Turbo-Pascal mit anderen Programmiersprachen erfolgt im Gegensatz zu herkömmlichen Programmiersprachen nicht auf der Ebene von REL-Dateien und -Bibliotheken vermittels eines Linkers, sondern auf der Ebene von COM-Dateien über feste TPA-Adressen und ausführbaren Maschinencode. Diese Tatsache drängt zu einer Methodik dynamisch nachladbarer externer Unterprogramme beliebiger konventioneller Programmiersprachen auch in einer dynamischen Überlagerungsstruktur (external OVERLAY).

Mit dem sogenannten Run-Time-Lader, einer Turbo-Pascal-Prozedur XPOLADER.INC (siehe Bild 1), können beliebige externe Unterprogramme, die vorab als OVX-Dateien auf Diskette abgespeichert wurden, dynamisch auf die geplante TPA-Adresse geladen werden. Als Beispiel ist im Bild 2 mit dem Turbo-Pascal-Programm SPACETST.PAS der Einsatz des Run-Time-Laders in Form der PROCEDURE XPOLADER zum dynamischen Laden des externen Assembler-Unterprogramms SPACE als COM-Datei SPACE.OVX gezeigt. Da die Parameterübergabe von SPACE.OVX im Doppelregister HL erwartet wird – Konvention bei Aufruf von Basic-80 oder dBase II aus – ist ein Aufrufvermittler als PROCEDURE FREE in Form von Assembler-INLINE-Code zur Parameteranpassung dazwischengeschaltet.

Mit dem Unterprogramm SPACE.OVX werden je nach Parameteraufbau entweder der noch freie Platz oder die noch freien DIRectory-Entries des ausgewählten Laufwerkes ermittelt (siehe auch /3/ und /4/).

Wie die hier gezeigte Methodik der Anwendung externer Unterprogramme in Turbo-Pascal mit dem Run-Time-Lader XPOLADER.INC zum Zwecke der Nutzung vorhandener Software, beispielsweise mit Fortran, eingesetzt werden kann, soll anhand der Adaption des Beitrages aus /5/ für ein Turbo-Pascal-Programm gezeigt werden, womit auch Fortran-Experten ein Einstieg in Turbo-Pascal schmackhaft gemacht werden soll. Im Bild 3 ist das Programm GRAFIDRU.PAS gezeigt, mit dem x,y-Werte-Tupel ($0 < x \leqq 10.84$ bzw. $0 < y \leqq 9.03$) aus einer ASCII-Datei im TPA als Pixel-Bild in 16384 Byte aufgebaut und danach mit dem externen Unterprogramm DRUCK.OVX – gewonnen aus den Fortran-Subroutinen DRUCK, DRZEIL sowie den Assembler-Unterprogrammen SRL und ANDB aus /5/ – auf einem Nadeldrucker als Bild im Format 10,84 cm $\times$ 9,03 cm (Breite mal Höhe) ausgedruckt werden.

In Bild 4 ist ein Anwendungsbeispiel demonstriert. Das vorgelagerte Programm GRAFIK

Fortsetzung auf Seite 211

```
PROCEDURE XPOLADER (VAR DSN:Str11;VAR LAD,EAD:INTEGER);
{DSN::= Dateiname als "NNNNNNNNTTT" der Datei (z.B. TTT:=OVX )
        auf akt. Laufwerk, die [als externes Unterprogramm]
        auf die Ladeadresse ( enthalten in LAD ) dynamisch
        geladen werden soll.                                   }
{LAD::= enthaelt die Ladeadresse des TPA-Bereiches zur
        Aufnahme d. Datei [d. externen Unterprogramms] aus DSN.
        Rueckgabe: LAD unveraendert OR  Ø --> DSN not found. }
{EAD::= enthaelt eine obere maximale zum Laden des
        (<anz>+1)-ten Sektors nicht mehr nutzbare TPA-Adresse.
        EAD >= LAD+(<anz>+1)*128;
        oder bis BDOS-Beginn  ===>  EAD:=$FFFF;
        Rueckgabe: EAD unveraendert OR  Ø --> Datei zu gross.}
{   Eine Assemblerroutine SPACE.MAC als externes Unterprogramm
    soll z.B. auf die Ladeadresse ØA4ØFh gelegt werden:
B>A:M8Ø SPACE,TTY:=SPACE/z/x/c/m<CR>
B>A:L8Ø /P:A4ØF,SPACE/E<CR>
B>A:POWER SAVE SPACE.OVX  A4ØF 5<CR>                           }
{  Damit gilt:                                                 }
{  TYPE Str11=STRING[11];                                      }
{  VAR DSN:Str11; LAD,EAD:Integer;                             }
{  begin DSN:='SPACE   OVX';  LAD:=$A4ØF;
         EAD:=LAD+(5+1)*128;  oder:  EAD:=$FFFF;
         XPOLADER(DSN,LAD,EAD); IF (LAD=Ø) OR (EAD=Ø) THEN HALT
   end;                                                        }
BEGIN  {Modul XPOLADE.INL}
INLINE (
$2A/DSN     /$7E/$FE/$ØB/$2Ø/$76/$23/$11/*+131  /$Ø1/$ØB/$ØØ/$ED/
$BØ/$3E/$ØØ/$32/*+132  /$32/*+149  /$ØE/$19/$CD/$Ø5/$ØØ/$3C/$32/
*+1Ø8  /$11/*+1Ø5  /$ØE/$ØF/$CD/$Ø5/$ØØ/$FE/$FF/$28/$5Ø/$DD/$2A/
LAD    /$DD/$5E/$ØØ/$DD/$56/$Ø1/$D5/$D1/$D5/$ØE/$1A/$CD/$Ø5/$ØØ/
$11/*+75   /$ØE/$14/$CD/$Ø5/$ØØ/$E1/$A7/$2Ø/$64/$Ø1/$8Ø/$ØØ/$Ø9/
$E5/$D1/$E5/$FD/$2A/EAD    /$FD/$6E/$ØØ/$FD/$66/$Ø1/$B7/$ED/$42/
$B7/$ED/$52/$E1/$3Ø/$ØA/$FD/$36/$ØØ/$ØØ/$FD/$36/$Ø1/$ØØ/$18/$4Ø/
$ØB/$Ø9/$ED/$4B/$Ø6/$ØØ/$B7/$ED/$42/$3Ø/$EB/$D5/$18/$BB/$DD/$2A/
LAD    /$DD/$36/$ØØ/$ØØ/$DD/$36/$Ø1/$ØØ/$18/$24/$ØØ/$ØØ/$ØØ/$ØØ/
$ØØ/$ØØ/$ØØ/$ØØ/$ØØ/$ØØ/$ØØ/$ØØ/$ØØ/$ØØ/$ØØ/$ØØ/$ØØ/$ØØ/$ØØ/$ØØ/
$ØØ/$ØØ/$ØØ/$ØØ/$ØØ/$ØØ/$ØØ/$ØØ/$ØØ/$ØØ/$ØØ/$ØØ/$ØØ/$ØØ/$ØØ/$ØØ)
END;    {Modul XPOLADE.INL}
```

***Bild 1** Run-Time-Lader PROCEDURE für Turbo-Pascal*

```
Ø PROGRAM SPACETST;
Ø (* Demonstrationsprogramm fuer den Einsatz des RUN-Time-Laders
Ø XPOLADE zum dynamischen Nachladen der externen Assembler-
Ø Routine SPACE.OVX zur Bestimmung des noch verfuegbaren
Ø Speicherplatzes bzw. der noch freien DIRectory-Entries auf
Ø der Diskette des im Parameter mitgeteilten Laufwerkes.      *)
Ø (* Option: <<O>>   Bei Eingabe von <<C>> noch <<E>> auf den
Ø                    Wert A4ØE bzw. A3FF setzen.              *)
Ø TYPE Str11=STRING[11]; Str4=STRING[4];
Ø VAR  DSN:Str11; LAD,EAD:INTEGER; Mparm:Str4;   B:CHAR;
Ø
Ø (*$I XPOLADER.INC        <=====    RUN-Time-Lader   =====    *)
Ø
Ø PROCEDURE ReadTRM (VAR Key:CHAR);    (* Lesen vom Geraet TRM *)
Ø BEGIN Read(KBD,Key); IF Key>=' ' THEN Write(Key) END;
Ø
Ø (* FREEK dient zum Aufrufen des externen Unterprogramms
Ø SPACE.OVX auf ØA4ØFh wegen der hier benutzten Parameter-
Ø uebergabekonvention (Reg. Hl zeigt auf Laengenbyte von Xparm *)
Ø PROCEDURE  FREEK (VAR Xparm:Str4); BEGIN
1 INLINE(          (*          .Z8Ø                            *)
1 $2A/XPARM        (*          LD HL,(XPARM)                   *)
1 /$ED/$73/*+$ØØ1E (*          LD (RETTE),SP                   *)
1 /$31/*+$ØØ1B     (*          LD SP,RETTE                     *)
1 /$CD/$ØF/$A4     (*          CALL ØA4ØFH                     *)
1 /$ED/$7B/*+$ØØ14 (*          LD SP,(RETTE)                   *)
1 /$18/$12         (*          JR RETTE+2                      *)
1 /$ØØ/$ØØ/$ØØ/$ØØ/$ØØ/$ØØ/$ØØ/$ØØ/$ØØ/$ØØ/$ØØ/$ØØ/$ØØ/$ØØ/$ØØ
1                  (*          DEFS 16                         *)
1 /$ØØ/$ØØ/$ØØ)
1                  (*RETTE     DEFS 2                          *)
1                  (*          END                             *)
1                                       END;
Ø BEGIN  (*         Dynamische Nachladen von SPACE.OVX         *)
1   DSN:='SPACE   OVX'; LAD:=$A4ØF;EAD:=LAD+(5+1)*128;EAD:=$FFFF;
1   XPOLADER(DSN,LAD,EAD);
1   IF LAD=Ø THEN Writeln('Datei ',DSN,' nicht gefunden!');
1   (*SPACE.OVX  koennte  vorab mit EXEC/POWER/L8Ø geladen sein*)
1   IF EAD=Ø THEN BEGIN Writeln('Datei zu gross --> CANCEL');
2           HALT END;
1 REPEAT           (* *** Hauptzyklus *** *)
2   Write(#13#1Ø+'======== GO ON ==========>'+#13#1Ø#1Ø,
2                 'ENTER Laufwerk (a..p) fuer FREE-Service:');
2   ReadTRM(B);           B:=UpCase(B);                 Writeln;
2   Mparm:=B+'DIR';     FREEK(Mparm);                   Writeln;
2   Write('Anzahl freier  DIRECTORY-Entries  auf  Lw.   ',B,
2                                    ' : '+Mparm+#13#1Ø#1Ø#1Ø);
2   Mparm:=B+'   ';     FREEK(Mparm);
2   Writeln('F r e i e  K a p a z i t a e t  auf  Lw.  '+
2   CHR(134),B,CHR(132)+': '+Mparm+CHR(134)+' KByte'+CHR(132));
2   Writeln(#13#1Ø#1Ø);  Write('Programm beenden    (j/N) ? ');
2   ReadTRM(B);  Writeln;                    B:=UpCase(B)
2 UNTIL B='J'                                              END.
```

***Bild 2** Dynamisches Laden des externen Unterprogramms SPACE.OVX mittels Run-Time-Lader XPOLADER*

Einführung in Forth-83

Teil 3

Dr. Hartmut Pfüller (Leiter),
Dr. Wolfgang Drewelow, Dr. Bernhard Lampe,
Ralf Neuthe, Egmont Woitzel
Wilhelm-Pieck-Universität Rostock,
Sektion Technische Elektronik

3. Das Forth-Betriebssystem

Forth wird vielfach nicht nur als Programmiersprache, sondern als Betriebssystem, als Programmierwerkzeug oder als Softwareumgebung bezeichnet. Ein Grund dafür ist sicherlich, daß die Programmierung nicht wie bei den meisten Sprachen üblich in der Reihenfolge Editor, Compiler, Debugger mit der immer dazwischenstehenden Stufe Betriebssystem abläuft, sondern einheitlich in der Forthumgebung erfolgt (eventuell auch unter Nutzung von äquivalenten Forthkomponenten). Ein anderer Grund liegt darin, daß Forth bereits im Kern eine Schichtenstruktur besitzt, die stark an den Aufbau einfacher Betriebssysteme angelehnt ist: In der untersten Schicht realisiert Forth auf einem sehr niedrigen Niveau den Bezug zur Standardperipherie (Tastatur, Bildschirm, Massenspeicher). In der darüberliegenden Schicht arbeiten dann schon geräteunabhängige Worte zur Zeichenkettenverarbeitung und -konvertierung sowie Funktionen des virtuellen Massenspeicherkonzepts. In einer weiteren Schicht erfolgt die Definition des Kommandointerpreters des Systems.
Die Schnittstelle zwischen dem Forthsystem und der Peripherie kann sehr schmal gehalten werden und ermöglicht deshalb eine schnelle Implementierung von Forth auch auf der nackten Hardware. Forth kann damit auch als kompaktes und sehr flexibles Betriebssystem auf beliebigen, aufgabenspezifisch zugeschnittenen Rechnerkonfigurationen eingesetzt werden und bietet darüber hinaus (im Unterschied zu anderen kleineren Betriebssystemen) den gesamten eigenen Sprachumfang für die Programmentwicklung.

3.1. Konsolfunktionen

3.1.1. Zeichenweise Ein- und Ausgaben

Die beiden grundlegenden Worte für die Konsolbedienung sind die Einzelzeichentreiber KEY und EMIT. Die Funktion **KEY** wartet auf das nächste über die Tastatur eingegebene Zeichen und legt es als 16-Bit-Wert auf den Datenstapel. In den unteren 7 Bits befindet sich die ASCII-Information. Darüber hinaus werden aber alle Bits entgegengenommen – die höherwertigen Bits können systembedingt auch ungleich Null sein. Die zu KEY komplementäre Aktion **EMIT** gibt das in den niederwertigen 7 Bits befindliche ASCII-Zeichen einer auf dem Stapel liegenden Zahl an das Terminalgerät aus. Die höherwertigen Bits können wieder gerätespezifisch angewandt werden. Mit Hilfe von EMIT ist die Definition von weiteren zum Kernwortschatz gehörenden Konsolfunktionen möglich. Das Wort **SPACE** zur Ausgabe eines Leerzeichens (ASCII-Code 32) könnte im Forthsystem so definiert sein:

```
32  CONSTANT  BL

:  SPACE      ( ===> )
   BL  EMIT   ;
```

Die Ausgabe von mehreren ASCII-Leerzeichen kann durch die Verwendung von SPACES erfolgen, wobei auf dem Stapel die Anzahl erwartet wird. Eine Definition von SPACES wäre unter Verwendung von SPACE innerhalb einer **DO-LOOP**-Konstruktion möglich:

```
:  SPACES     ( +n ===> )
   0  MAX   ?DUP  IF  0  DO  SPACE
                             LOOP
                 THEN  ;

:  CR           ( ===> )

   13  EMIT  10  EMIT  ;
```

Das Wort **CR** führt einen Wagenrücklauf und Zeilenvorschub (Carriage Return – Linefeed, ASCII-Codes 13 und 10) aus.
Eine häufig implementierte, allerdings nicht im Standard fixierte Funktion ist **KEY?**. Dieses Wort testet den aktuellen Status des Eingabegerätes: Liegt eine Tastenbetätigung vor, so wird ein True-Flag auf den Stapel übergeben, andernfalls ein False-Flag.

3.1.2. Zeichenkettenausgabe

Eine Forthzeichenkette (Forthstring) umfaßt in ihrer Standarddarstellung zwei Informationsanteile: die Längeninformation und die eigentliche Zeichenfolge. Die Längeninformation befindet sich im ersten Byte (Zählbyte). Danach schließt sich die Zeichenfolge an:

```
100 101 102 103 ...      ---->    aufsteigende Adreßrichtung

:   :   :   :   :   :   :   :   :   :   :   :   :   :   :   :   :   :   :
:18 : D : a : s :   : i : s : t :   : e : i : n :   : S : t : r : i : n : g :
:___:___:___:___:___:___:___:___:___:___:___:___:___:___:___:___:___:___:___:
 ↑
 :                              ASCII-Zeichen
Zählbyte
(englisch: count)
```

Erfordert ein Programm eine getrennte Behandlung der Längeninformation und der Zeichenfolge, so kann das Wort **COUNT** benutzt werden. COUNT erwartet auf dem Stapel die Anfangsadresse einer Zeichenkette und erzeugt daraus zwei Ergebnisparameter: Auf der Stapelspitze liegt der Inhalt des Zählbytes, darunter die Adresse des ersten Zeichens der Zeichenkette. Das Wort **TYPE** baut auf den beiden von COUNT gelieferten Parametern auf und bringt die Zeichenkette zur Anzeige. COUNT und TYPE werden deshalb häufig im Zusammenhang benutzt:

```
100  COUNT  TYPE (cr)_Das_ist_ein_String_ok
```

Das Wort **-TRAILING** geht von den gleichen Ausgangsparametern wie TYPE aus. Es prüft, ob das Ende der Zeichenkette aus Leerzeichen besteht, die bei der Weiterverarbeitung der Kette weggelassen werden können. Die auf dem Stapel liegende Adresse des ersten Zeichens bleibt unverändert, nur das Zählbyte wird gegebenenfalls verkleinert. Die Befehlsfolge
addr COUNT -TRAILING TYPE
sorgt also gegenüber der Folge
addr COUNT TYPE
für eine Verkürzung der Ausgabeaktion, sofern am Stringende Leerzeichen standen. Soll innerhalb eines Forthprogramms die Ausgabe einer festen Zeichenkette erfolgen, so kann dazu das Wort ." benutzt werden. Die Zeichenfolge **ccc** der Sequenz ." **ccc**" wird innerhalb einer Wortdefinition in eine Forthzeichenkette umgewandelt und bei der späteren Ausführung dieses Wortes ausgegeben (die Zeichen zwischen den Anführungsstrichen, aber ohne das dem Wort ." folgende Leerzeichen):

```
:  TREFFER    ( n ===> )
   ." Das waren "  .   ." Treffer ! "  ;

5  TREFFER(cr)_Das_waren_5_Treffer_!_ok
```

3.1.3. Kettenorientierte Eingabe

Ein zentrales Wort für die Zeichenketteneingabe ist **EXPECT**. Es wird insbesondere auch vom Textinterpreter benutzt. Eingangsparameter für EXPECT sind die Adresse, auf der die geholte Zeichenkette im Speicher abgelegt werden soll (Adresse des ersten Zeichens, nicht Adresse der ersten Zählbytes!), und eine Längenvorgabe. Die Zeichenketteneingabe wird durch **(cr)** oder durch das Erreichen der Längenvorgabe beendet. Durch EXPECT wird das Zählbyte der Zeichenkette nicht gesetzt. Dafür steht die Anzahl der eingegebenen Zeichen in der Systemvariablen **SPAN**. Nachfolgend ist ein Beispiel für die Anwendung von EXPECT und SPAN zur Umwandlung einer über die Tastatur eingegebenen Folge von Zeichen (maximal 20) in eine Forthzeichenkette im Standardformat angegeben.

```
:  GET_STRING      ( addr ===> )
   DUP   1+   20  EXPECT
   SPAN  @   SWAP   C!   ;
```

Das Wort **GET_STRING** erwartet dabei als Eingangsparameter die Zieladresse des Strings. Nachdem mit EXPECT die Zeicheninformation auf die Zieladresse + 1 abgelegt wurde, wird das Zählbyte unter Nutzung der in SPAN stehenden Längeninformation gesetzt. Die Benutzung von GET_STRING zeigt folgendes Beispiel:

```
VARIABLE  KETTE       19  ALLOT(cr)_ok
KETTE  GET_STRING   (cr)_Hallo, Paul !  ok
KETTE  COUNT   TYPE   (cr)_Hallo,_Paul_!_ok
```

Der Ausdruck **19 ALLOT** nach der Variablendefinition erweitert den Speicherplatz für die Variable um 19 zusätzliche Bytes.

3.2. Zahlenkonvertierung

Im Forthsystem sind Funktionen zur Ein- und Ausgabekonvertierung von Ganzzahlen implementiert. Forth bietet die einzelnen Bestandteile dieser Funktionen auch nach außen an und erlaubt damit dem Anwender, eigene, modifizierte Konvertierungen zu entwerfen.

3.2.1. Steuern der Zahlenbasis

Zentraler Bezugspunkt für die Ein- und Ausgabekonvertierung ist die aktuelle Zahlenbasis. Der Wert dieser aktuellen Zahlenbasis ist in der Systemvariablen **BASE** gespeichert. Eine Veränderung von BASE wirkt damit unmittelbar auf die Konvertierung. Die dezimale Zahlenbasis wird durch **DECIMAL** eingestellt, was intern wie folgt definiert sein könnte:

```
:  DECIMAL     ( ===> )
   10  BASE  !  ;
```

Analog können auch andere Worte zum Einstellen der Zahlenbasis vereinbart werden:

```
DECIMAL

 :  HEX          ( ===> )
    16  BASE  !  ;

 :  OCTAL        ( ===> )
    8  BASE  !  ;

 :  BINARY       ( ===> )
    2  BASE  !  ;
```

Die Nutzung dieser Möglichkeit soll hier anhand der Erzeugung einer Tabelle für unterschiedliche Zahlendarstellungen demonstriert werden. Das Wort **TABELLE** stellt in jedem Schleifendurchlauf einen Zählwert als Dezimal-, Oktal-, Hexadezimal- und Binärzahl dar:

```
:  TABELLE       ( n ===> )
   BASE  @  SWAP
   1  DO  CR  HEX       I  .
              DECIMAL   I  .
              OCTAL     I  .
              BINARY    I  .
      LOOP
   BASE  !  ;
```

Die Tabellenlänge wird dabei als Parameter auf dem Stapel übergeben. Die Rahmenaktionen **BASE @ SWAP** und **BASE !** sorgen dafür, daß zunächst der Wert der Zahlenbasis auf dem Stapel abgelegt wird und daß zum Abschluß dieser noch immer auf dem Stapel befindliche Wert wieder in die Variable BASE eingetragen wird. Ohne diesen Rahmen wäre nach der Abarbeitung von TABELLE immer die zuletzt benutzte binäre Zahlenbasis eingestellt.

3.2.2. Ausgabekonvertierung

Die Ausgabekonvertierung arbeitet nach folgendem Prinzip: Zunächst wird die auf dem Stapel liegende Zahl gegebenenfalls zu einer 32-Bit-Zahl ergänzt. Danach wird wiederholt das Wort # aufgerufen. Damit wird die Zahl jedesmal durch die aktuelle Zahlenbasis dividiert, bis der Quotient 0 ist. Die sich jeweils ergebenden Reste (die zwischen 0 und dem Wert der Zahlenbasis minus 1 liegen) werden in die entsprechenden ASCII-Ziffernzeichen umgewandelt und in der Reihenfolge von der kleinsten bis zur höchsten Stelle (von rechts nach links) in einem Stringzwischenspeicher abgelegt. Nach Beendigung der eigentlichen Wandlung kann der fertige String ausgegeben werden. Der Aufbau des Zahlenstrings wird durch die Operation <# initialisiert. Die eigentliche Konvertierung darf erst nach Abarbeitung dieser Funktion beginnen. Die Sammeloperation **#S** führt die Funktion # gleich so oft nacheinander aus, bis der 32-Bit-Quotient 0 ist, also bis die gesamte Zahl zu Ende gewandelt ist. Die doppelt genaue Null (letzter Quotient) bleibt nach der Operation **#S** noch auf dem Stapel liegen, damit die gleichen Stapelbedingungen wie bei der Anwendung von # gesichert werden. Der Abschluß der numerischen Ausgabekonvertierung erfolgt durch #>, wobei auf dem Stapel der letzte Quotient erwartet wird. Ausgangsparameter sind die Adresse des ersten Stringzwischenspeichers und das Zählbyte auf der Stapelspitze. Damit kann unmittelbar nach #>das Wort TYPE angewendet werden. Die interne Definition der Funktion **U.** zur Ausgabe einer vorzeichenlosen ganzen Zahl könnte damit so aussehen:

```
:  U.        ( n ===> )
   0         ( Ergaenzung auf 32 Bit)
   <#  #S  #>  TYPE  SPACE  ;
```

Möchte man zur Strukturierung der Ausgabe an einer bestimmten Stelle in der Ergebnisdarstellung zusätzlich ein ASCII-Zeichen (zum Beispiel einen Dezimalpunkt) unterbringen, so kann dies durch Ausführung der Funktion **HOLD** an der entsprechenden Stelle des Konvertierungsvorgangs erfolgen. HOLD erwartet als Eingangsparameter den ASCII-Code des einzufügenden Zeichens und hinterläßt keinen Ausgangsparameter. Eine strukturierte Ausgabe unter Verwendung von HOLD kann beispielsweise bei der Anzeige der Uhrzeit benutzt werden. Soll für eine auf dem Stapel liegende Sekundenzahl eine Zeitanzeige in der Form Std:Min:Sek erfolgen, so ist das unter Benutzung der Definitionen möglich:

```
:  SEXTAL      ( ===> )
   6  BASE  !  ;

:  :XX         ( n1 ===> n2)
   DECIMAL  #  SEXTAL  #  58  HOLD  ;

:  .ZEIT       ( n ===> )
   BASE  @  SWAP
   0  <#  :XX  :XX  DECIMAL  #S  #>
   TYPE  SPACE  BASE  !  ;


7572  .ZEIT  (cr) 2:06:12 ok
```

Das Wort **:XX** dient der Darstellung der Sekunden bzw. Minuten, die jeweils im Bereich von 0 bis 59 liegen. Hier erfolgt zunächst die Konvertierung der rechten Stelle, die zwischen 0 und 9 liegt (dezimale Basis), dann die Konvertierung der linken Stelle (Bereich 0 bis 5, sextale Basis). Abschließend wird „links" mit **58 HOLD** ein Doppelpunkt erzeugt.

In **.ZEIT** wird zunächst die Ergänzung auf 32 Bit vorgenommen. Danach erfolgt die Ausgabe der Sekunden und Minuten durch das Wort **:XX** und mit **#S** die Wandlung des Restes, das heißt der Stunden. Abschließend wird der erzeugte String mit TYPE ausgegeben.

Das Wort **SIGN** dient der Vorzeichenbehandlung bei der Ausgabekonvertierung. Es fügt den ASCII-Code eines Minuszeichens in den Zahlenstring ein, falls der auf dem Stapel liegende Wert negativ ist. SIGN wird zumeist direkt vor #> angewendet (das heißt, am Ende des Konvertierungsvorgangs). Es plaziert damit gegebenenfalls ein Minuszeichen an die am weitesten links stehende Stelle des Zahlenstrings (vor die Ziffern). Bei Konvertierungsaktionen wird als Zeichenkettenzwischenspeicher vielfach ein dem Anwender zugänglicher Speicher benutzt, dessen Startadresse durch das Wort **PAD** geliefert wird. Allerdings sind Forthworte, die unter Benutzung von PAD geschrieben wurden, im allgemeinen nicht wiedereintrittsfähig.

Mit den oben beschriebenen Teilfunktionen zur Ausgabekonvertierung lassen sich (wie am Beispiel von U. beschrieben) sämtliche in Forth vorhandenen Worte zur Zahlenausgabe definieren. In vielen Implementierungen von Forth-83 sind die Worte **.R** und **D.R** vorhanden. Diese Funktionen nehmen die rechtsbündige Ausgabe einer einfach- bzw. doppeltgenauen Integerzahl vor, wobei eine auf der Stapelspitze stehende positive Zahl die Weite des Ausgabefeldes festlegt.

3.2.3. Eingabekonvertierung

Die vom Textinterpreter benutzte zentrale Funktion zur Eingabekonvertierung ist

CONVERT (+d1 addr1 => +d2 addr2)

Von der ab adr1+1 stehenden Zeichenkette wird das erste ASCII-Zeichen geholt. Sofern dieses Zeichen ein gültiges Ziffernsymbol entsprechend der eingestellten Zahlenbasis ist, wird die konvertierte Ziffer zum doppelt genauen Produkt aus Zahlenbasis und 32-Bit-Stapelwert addiert. Die Adresse innerhalb des Zahlenstrings wird erhöht. Dieses Verfahren wird solange fortgesetzt, bis das nächste anliegende ASCII-Zeichen nicht mehr als Ziffer interpretierbar ist. Die Adresse addr2 dieses nicht konvertierbaren Zeichens im String verbleibt ebenso wie das doppelt genaue Konvertierungsergebnis +d2 auf dem Stapel.

3.3. Massenspeicheranbindung

3.3.1. Virtuelle Speichertechnik

Forth bietet dem Anwender zur Verwaltung des Massenspeichers ein sehr einfaches, aber leistungsfähiges Konzept an. Der gesamte Massenspeicher (zum Beispiel Band, Diskette oder Festplatte) ist in aufeinanderfolgende Blöcke von jeweils 1024 Byte eingeteilt. Der Arbeit mit den Massenspeicherdaten eines Blockes erfolgt nun aus der Sicht des Forthnutzers nicht über direkte Lese- oder Schreibzugriffe zum Externspeicher, sondern nach Angabe der Nummer des zu bearbeitenden Blockes über normale Speicherzugriffe zu einem reservierten Hauptspeicherbereich, dem sogenannten Block-Puffer-Bereich. Der eigentliche Massenspeicherzugriff erfolgt verdeckt innerhalb derjenigen Befehle, die Forth zur Umwandlung der Massenspeicheradresse (Blocknummer) in die tatsächliche Hauptspeicheradresse zur Verfügung stellt (virtuelles Speicherprinzip).

3.3.2. Verwalten der Datenblöcke

Das Wort **BLOCK (u => addr)** liefert die Anfangsadresse eines 1024 Byte langen Puffers, in dem der Inhalt des Blocks mit der Blocknummer u steht. BLOCK arbeitet intern folgende Operationen ab: Falls der Block u noch nicht in einem der Puffer verfügbar ist (andernfalls ist keine weitere Bearbeitung erforderlich), erfolgt die Zuweisung eines Puffers. Steht ein als geändert gekennzeichneter Block in diesem Puffer, wird dieser vor der Neuvergabe des Puffers zurückgeschrieben. Dann wird der Block mit der Nummer u vom Massenspeicher in den Puffer transferiert. Die Funktion **BUFFER (u => addr)** ist inhaltlich identisch mit der Funktion BLOCK bis auf den Umstand, daß die Blockleseaktion nicht ausgeführt wird. Der Pufferinhalt ab addr ist damit unbestimmt. Sinnvoll läßt sich dieses Wort anwenden, wenn ein Block vollständig neu beschrieben werden soll; eine vorherige Leseaktion wäre in diesem Fall unnötig. Es gilt die Konvention, daß nur der zuletzt mit BLOCK oder BUFFER angesprochene Pufferinhalt gültig ist. Mit dem Wort **UPDATE** kann dem Forthsystem mitgeteilt werden, daß der Pufferinhalt des aktuell in Bearbeitung befindlichen Blocks aktualisiert worden ist. So markierte Blöcke werden später automatisch auf den Massenspeicher geschrieben, wenn der Puffer für das Speichern eines anderen Blocks benötigt wird. Bei Beenden der Arbeit mit dem Massenspeicher oder auch nur zu Sicherungszwecken ist es sinnvoll, alle als aktualisiert gekennzeichneten Blöcke auf den Massenspeicher zu transferieren, ohne daß vorher Leseaktionen anderer Blöcke erfolgen müssen. Eine solche Funktion erfüllt **SAVE-BUFFERS**. Dieses Wort läßt die Pufferinhalte unverändert und setzt die Aktualisierungskennung zurück. Eine ähnliche Reaktion wird durch das Wort **FLUSH** ausgelöst. Auch hier werden die aktualisierten Blöcke sofort auf den Massenspeicher geschrieben. Im Gegensatz zu **SAVE-BUFFERS** werden aber sämtliche Blockpuffer freigegeben, so daß bei einem neuen Zugriff auf einen Block eine Leseoperation auf dem Massenspeichermedium notwendig wird. Sinnvoll ist diese Funktion zum Beispiel anwendbar, wenn ein Wechsel des Massenspeichermediums vorgesehen ist. So wird vermieden, daß die noch im Puffer befindlichen Blöcke des alten Mediums fälschlicherweise auch als Blöcke des neuen Mediums interpretiert werden. Der Veranschaulichung der Arbeit mit dem Massenspeicher soll ein einfaches Beispiel dienen: Es ist das externe Abspeichern von 16-Bit-Daten zu organisieren:

```
100   CONSTANT  BLOCK0
1024  CONSTANT  B/BUF

:  POSITION
   ( messwertnr ===> pufferoffset blocknr)
   2  *  B/BUF  /MOD  SWAP  BLOCK0  +  ;

:  !WERT        ( wert messwertnr ===> )
   POSITION  BLOCK  +  UPDATE  !  ;
```

Hier markiert **BLOCK0** die Nummer eines Massenspeicherblocks, von dem ab die Aufzeichnung der 16-Bit-Daten erfolgen soll. **B/BUF** ist eine Konstante, die die Länge eines Blocks bzw. eines Blockpuffers angibt. Durch **POSITION** wird unter Benutzung von BLOCK0 und B/BUF das Umrechnen der Datenwertnummer (virtuelle Adresse) in die Massenspeicheradresse (Blocknummer, Position innerhalb des Blocks) vorgenommen. Die Operation **!WERT** zum Abspeichern eines 16-Bit-Datenwertes benutzt wiederum zunächst POSITION, macht den entsprechenden Massenspeicherblock mit BLOCK verfügbar, markiert mit UPDATE den Block als geändert und nimmt dann die eigentliche Änderung durch das Eintragen des Meßwertes auf die errechnete Pufferposition vor. Die ab BLOCK0 abgespeicherten Meßdaten können mit dem nachfolgend definierten Zugriffsbefehl wieder gelesen werden:

```
:  @WERT         ( messwertnr  ===>  wert)
   POSITION  BLOCK  +  @  ;
```

Die Operationen **!WERT** und @**WERT** arbeiten in weitgehender Analogie zu den normalen Speicherzugriffsbefehlen ! und @. Allerdings sind die bei !WERT und @WERT benutzten Meßwertnummern die Adressen eines „echten" 16-Bit-Speichers, das heißt, zwei aufeinanderfolgende Adressen adressieren zwei sich nicht überlappende 16-Bit-Speicherzellen. Nachfolgend ein Bedienungsbeispiel:

```
10 0 'WERT 15 1 'WERT 30 2 'WERT (cr) ok
0 @WERT . 1 @WERT . 2 @WERT . (cr) 10 15 30 ok
```

Das vorgestellte Massenspeicherkonzept ist allen Systemen gemeinsam, die dem Standard entsprechen. Allerdings lassen sich durch unterschiedliche Implementierungen der Lese- und Schreiboperationen, die in BLOCK und BUFFER benutzt werden, sehr verschiedene Forthsysteme erzeugen, ohne daß dabei eine Verletzung des Standards vorliegen würde. So ist es in Standalone-Versionen üblich, selbstdefinierte physische Gerätetreiber in die Schreib- und Leseoperationen einzusetzen, wobei keine Kompatibilität mit anderen Datenformaten erforderlich ist. Werden dagegen die Befehle BUFFER und BLOCK bei vorhandenem Hostbetriebssystem auf die BIOS-Ebene aufgesetzt, so wird die Kompatibilität des Forthsystems zum Hostbetriebssystem auf der Ebene des physischen Datenformats erreicht. In beiden Fällen stellt sich der gesamte Massenspeicher aus der Sicht des Forthprogrammierers als eine homogene Einheit dar, die nur durch die Blockeinteilung strukturiert ist. Vielfach benutzen Forthsysteme die Lese- und Schreiboperationen eines Hostbetriebssystems auf der DOS-Ebene. Zum einen wird hierdurch eine Dateistrukturierung der Forthprogrammquellen und der Daten möglich; diese brauchen nun nicht mehr nur durch die Blocknummer adressiert werden. Eine Handhabung im klassischen Sinn bleibt weiterhin möglich, indem immer nur über ein- und derselben Datei gearbeitet wird. Zum anderen können die vom Betriebssystem gebotenen Systemhilfen und Standardprogramme genutzt werden. Außerdem kann der Vertrieb von Forthsystemen durch die Orientierung auf Standardbetriebssysteme vereinfacht werden. Systeme mit DOS-Anbindung stellen dem Programmierer üblicherweise Worte zur Dateibehandlung zur Verfügung, die sich weitgehend an den vom Betriebssystem angebotenen Funktionen orientieren.

3.3.3. Speichern von Quelltext

Größere Quellprogramme wird man vor der Kompilation unter Verwendung eines Editors erzeugen und auf dem Massenspeicher konservieren. In Forth wird solcher Quelltext gewöhnlich in Blöcke zu jeweils 1024 Byte gegliedert, wobei ein Block 16 Zeilen mit je 64 Zeichen beinhaltet:

```
   Datei A:FORTH3.CF2    Block 1
 0 \ MP3; Ausgaben                      WD 29-Nov-88
 1
 2 32  CONSTANT  BL
 3
 4 :   SPACE      ( ===> )
 5     BL  EMIT   ;
 6
 7 :   SPACES     ( +n ===> )
 8     0  MAX  ?DUP  IF  0  DO  SPACE
 9                              LOOP
10                       THEN  ;
11
12 :   TREFFER    ( n ===> )
13     ." Das waren "  .   ." Treffer ! "  ;
14
15
```

Für das Erzeugen eines solchen Quellblocks finden sowohl in Forth geschriebene Zeileneditoren als auch komfortable Sreeneditoren Anwendung. Ihre Beschreibung ist im Rahmen des Kurses nicht möglich; Informationen darüber sollten der Dokumentation des entsprechenden Forthsystems entnommen werden.

Ein fertiger Block kann mit dem Befehl **LOAD** interpretiert werden, wobei die Blocknummer auf der Stapelspitze erwartet wird. Dabei gilt für den Blockquelltext die gleiche Syntax, die auch bei der interaktiven Kommandoausgabe gültig ist. So kann ein Quelltext sowohl auszuführende Kommandos als auch neue Definitionen enthalten. Diese Identität bei der Interpretation von Quellblöcken und von interaktiven Eingaben rührt daher, daß durch den Befehl LOAD nur ein zeitweiliges Umlenken des Eingabedatenstroms vorgenommen wird. Die Anzeige des Inhalts eines Quellblocks kann auch ohne einen Editor mit dem Befehl **LIST** erfolgen. Umfaßt der einzugebende Programmquelltext mehrere Blöcke, so können diese durch mehrfache Anwendung der Funktion LOAD geladen werden. Eine andere Möglichkeit besteht darin, Blöcke mit dem Wort --> zu verketten. Das Wort --> steht auf einem Quellblock nach dem letzten Quelltextwort und sorgt dafür, daß auch der nachfolgende Block geladen wird. Das Einfügen von Kommentaren in den Quelltext ist unter Verwendung von runden Klammern, das heißt der Wortkombination (und) möglich. Der Text, der zwischen diesen Zeichen steht, wird vom Interpreter ignoriert. Die öffnende Klammer ist ein normales Forthwort, hinter dem (natürlich) ein Leerzeichen stehen muß! Die schließende Klammer wird analog dem " bei ." als Begrenzerzeichen verwendet. Ähnlich kann die Kombination **.(** und **)** benutzt werden. Sie gibt die zwischen den Klammern stehende Zeichenkette auf dem Terminal aus. Diese Funktion kann zum Beispiel benutzt werden, um beim Laden von langen Quelltextpassagen Zwischeninformationen anzuzeigen.

Forth läßt dem Programmierer viele Freiheiten bei der Formulierung eines Programms. Damit ist die Qualität eines Forthprogramms empfindlich gegenüber der Fähigkeit des Programmierers, diese Freiheiten sinnvoll ausnutzen zu können. Neben solchen Faktoren wie Festlegung der Wortschnittstellen (Dekomposition) und der Namensgebung ist die Gestaltung des Quelltextes von großer Bedeutung für die Übersichtlichkeit, die Lesbarkeit und die Möglichkeiten zur Wartung eines Forthprogramms. An dieser Stelle sollen deshalb einige ausgewählte Empfehlungen für das Layout von Quelltexten genannt werden (siehe auch /2/ in Teil 1):

- Reservieren der Zeile 0 eines jeden Blocks für einen Kommentar, in dem der Zweck des Blocks und der „Stempel" (Initialen des Programmierers und Datum der letzten Revision) enthalten sind
- Benutzen von Leerschritten und Einrükkungen zur Verbesserung der Lesbarkeit
- Notation des Stapeleffekts für jede Doppelpunkt- oder Codedefinition, die Stapelwerte benutzt oder hinterläßt
- Beginn aller Definitionen am linken Zeilenrand, immer nur eine Definition pro Zeile.

wird fortgesetzt

Tafel 3 Kurzbeschreibung der Forthworte

Name	Stapeleffekt	Beschreibung
Konsolfunktionen		
EMIT	(c ===>)	Ausgabe eines Zeichens
KEY	(===> c)	Zeichen einlesen
KEY?	(===> ?)	wahr für Tastatur ist betätigt
CR	(===>)	neue Zeile
SPACE	(===>)	Ausgabe eines Leerzeichens
SPACES	(+n ===>)	Ausgabe von +n Leerzeichen
Zeichenkettenbefehle		
COUNT	(addr1 ===> addr2 +n)	Lesen der Länge, Berechnen des Anfangs
TYPE	(addr +n ===>)	Ausgabe von +n Zeichen ab addr
-TRAILING	(addr +n1 ===> addr +n2)	Abschneiden von Leerzeichen am Ende
EXPECT	(addr +n ===>)	ab addr +n Zeichen einlesen
SPAN	(===> addr)	Anzahl der gelesenen Zeichen in addr
."	(===>)	Ausgabe der Zeichenkette bis "
Konvertierungsbefehle		
<#	(===>)	Bereitstellen einer leeren Kette
#	(+d1 ===> +d2)	Konvertieren einer Stelle
#S	(+d ===> 0 0)	Ausführen von # bis Rest = 0
#>	(32b ===> addr +n)	Abschluß der Konvertierung, Bereitstellen der Ausgabekette
HOLD	(c ===>)	c in Kette einfügen
SIGN	(n ===>)	Vorzeichen von n in Kette einfügen
CONVERT	(+d1 addr1 ===> +d2 addr2)	Konvertieren ab addr1 bis addr2
BASE	(===> addr)	Variable für aktuelle Basis
DECIMAL	(===>)	Zahlenbasis dezimal setzen
HEX	(===>)	Zahlenbasis hexadezimal setzen
weitere Zahlenausgaben		
.R	(n +n ===>)	Anzeige n + n-stellig rechtsbündig
D.R	(d +n ===>)	Anzeige d +n-stellig rechtsbündig
Massenspeicheroperationen		
BLOCK	(u ===> addr)	Lesen von Block u auf addr
BUFFER	(u ===> addr)	Reservieren addr für Block
UPDATE	(===>)	markiert aktiven Puffer als geändert
FLUSH	(===>)	Retten und Leeren aller Puffer
SAVE-BUFFERS	(===>)	Retten aller Puffer
Behandlung des Quelltextstroms		
LIST	(u ===>)	Anzeige Block u
LOAD	(u ===>)	Block interpretieren
-->	(===>)	Weiterladen ab nächstem Block
.(	(===>)	Kommentarausgabe bis)
(<Leerzeichen>	(===>)	Kommentar bis)

Wegbereiter der Informatik

PAFNUTI LWOWITSCH TSCHEBYSCHEW

*** 1821 Okatowo,**
† 1894 St. Petersburg

Der russische Mathematiker P. L. Tschebyschew ist der Gründer der Petersburger Mathematikerschule, aus der zum Beispiel A. A. Markow und A. M. Ljapunow als seine Schüler hervorgegangen sind. Er arbeitete auf verschiedenen Gebieten der Analysis, der Wahrscheinlichkeitstheorie, der Zahlentheorie und der Mechanik.

Tschebyschew stammt aus einer adligen Familie und erhielt seinen Schulunterricht im Elternhaus. 1832 verzog die Familie nach Moskau, um den Söhnen den Besuch der Universität zu erleichtern. Schon 1837 – also mit 16 Jahren – ließ sich Tschebyschew an der physikalisch-mathematischen Fakultät der Moskauer Universität immatrikulieren und beendete sein Studium 1841. Fünf Jahre später erlangte er hier die Magisterwürde und siedelte 1847 nach St. Petersburg über, wo er an der Universität Vorlesungen zur Algebra und zur Zahlentheorie hielt. Im Jahre 1849 verteidigte er seine Dissertation und wurde 1850 Professor an der Petersburger Universität. Dieses Amt bekleidete er bis 1882, danach widmete er sich an der Petersburger Akademie (deren ordentliches Mitglied er 1859 geworden war) ausschließlich seiner wissenschaftlichen Tätigkeit. Nebenher war er Mitarbeiter in verschiedenen Kommissionen bei mehreren russischen Ministerien.

In der mathematischen Wissenschaft, besonders in der Angewandten Mathematik, hat sich Tschebyschew bleibende Verdienste erworben. Bekannt sind die nach ihm benannten Polynome

$T_n(x) = \cos(n \arccos x)$,

die eine besondere Rolle bei der Approximation von Funktionen spielen und einen Sonderfall der Jacobischen Polynome darstellen. Für die numerische Berechnung des bestimmten Integrals einer Funktion fand er die Quadraturformel

$$\int_{-1}^{1} f(x)\,dx \approx \frac{2}{n}\sum_{i=1}^{n} f(x_i),$$

die für Polynome (n – 1)-ten Grades exakt ist (wenn n die Anzahl der Interpolationsknoten bedeutet).

Weniger bekannt geworden ist die Tatsache, daß Tschebyschew auch eine Rechenmaschine konstruiert hat, von ihm Arithmometer (Zahlenmesser) genannt. Sie ist für additive und subtraktive Verarbeitung 10stelliger Zahlen ausgelegt; in ihr ist das Prinzip des gleitenden Zehnerübertrags verwirklicht. Tschebyschew hat das erste Exemplar dieser Maschine dem Pariser Museum für Kunst und Handwerk übergeben und an der dortigen Akademie darüber auch vorgetragen. Ein zweites, verbessertes Exemplar blieb in Petersburg. In der Mechanik hat Tschebyschew eine Theorie der Gelenkmechanismen entwikkelt. Und so entsprang sein Arithmometer wohl hauptsächlich seinem konstruktiven Interesse, den gleitenden Zehnerübertrag zu erproben. Denn die Maschine selbst ist sehr unhandlich und nur mit großem Kraftaufwand zu bedienen, auch fehlt ihr eine Vorrichtung zur Ziffern-Rückstellung oder eine Bedienungskurbel. Es gibt keinerlei Hinweise darauf, daß diese Maschine überhaupt (und sei es von Tschebyschew selbst!) jemals benutzt worden ist.

Tschebyschew, familiär ungebunden, hat zahlreiche Reisen ins Ausland unternommen, sei es, um große Industrieanlagen zu besichtigen oder mit bedeutenden Fachkollegen (Ch. Hermite, J. Bertrand, L. Kronecker) zusammenzutreffen. Er war gewähltes Mitglied der Akademien in Berlin, Bologna, Paris und London.

Dr. Klaus Biener

```
0 PROGRAM GRAFIDRU,  (* Nadeldrucker  K631x, EPSON LX-86, usw  *)
0 (* Compiler-Option  <<O>>      (TURBO Version 3 00x - CP/M 2.2)
0                          Bei Eingabe von <<C>> noch <<E>> auf den
0                          Wert  7EA9   setzen, damit MicroShell
0                          lauffaehig bleibt (C2FF - 10 K - 57*128)  *)
0 (* Die X,Y-Werte-Tupel einer ASCII-SDF-Datei mit Definitions-
0    /Wertebereich 0<=X<=10 84 bzw  0<=Y<=9 03 werden als Vektor
0    (16384 mal 1 Byte) im TPA fuer ein Nadeldrucker-Pixel-Bild
0    von einer Breite 512 Sprossen und einer Hoehe 256 Abstands-
0    einheiten mittels der nach Pascal umgesetzten  PROCEDURE
0    PIXEL aus der Veroeffentlichung  Stamer,E. "Bilderzeugung
0    mit Nadeldrucker und PC" in NTB 31(1987)3,S 74-75
0    aufgebaut
0 Eingabedatei    (Aufbau analog z B  in BASIC   WRITE#1,X,Y )
0 ============
0 x,y,[x,y, .. ,] .   *<CRLF>
0 oder
0 x,y<CRLF>
0
0 *<CRLF>
0 x,y<CRLF>    .         . +<CRLF>
0 Das Ausdrucken des Pixel-Bildes erfolgt mit den als EXTERNAL-
0 Routinen gestalteten FOTRAN-Subroutinen DRUCK, DRZEIL sowie
0 SRL, ANDB, die aus obiger Quelle unveraendert uebernommen,
0 aber auf die externe TPA-Adresse   7EAAh  gelinkt wurden
0 Diese EXTERNAL-Routine DRUCK.OVX wird mit dem RUN-Time-Lader
0 XPOLADER dynamisch nachgeladen und dann abgearbeitet, wobei
0 das mittels der Prozedur PIXEL aufgebaute Bild ausgedruckt
0 wird
0 B>A M80 DRUCKA,TTY =TTY /Z/X<CR>
0          z80
0     title Aufrufvermittler DRUCKA.MAC fuer Subroutine DRUCK
0          EXTRN DRUCK
0 DRUCKA.:call DRUCK
0          ret
0          end<<^Z>>
0 B>A·F80 DRUCK,DRUCK=DRUCK.FOR/N<CR>
0 B>A F80 DRZEIL,DRZEIL=DRZEIL.FOR/N<CR>
0 B>A·M80 SRL,TTY·=TTY./Z/X<CR>
0 SRL  srl (hl)
0       ret
0       end<<^Z>>
0 B>A.M80 ANDB,TTY·=TTY /Z/X<CR>
0 ANDB:ld c,(hl)
0       ld a,(de)
0       and c
0       ret
0       PUBLIC ANDB
0       end<<^Z>>
0 B>A.L80 /P 7EAA,DRUCKA,DRUCK,DRZEIL,SRL,ANDB,<<^E>>
0 A·FORLIB/S/E<CR>
0 B>A·POWER SAVE DRUCK.OVX  7EAA  57<CR>                    *)
0 LABEL 10,
0 TYPE Abb=ARRAY[1. 16384] OF BYTE,       Str11=STRING[11],
0 VAR BILD·Abb,          Flag·CHAR,
0     f    Text,         X,Y ·REAL,  I,LAD,EAD INTEGER,
0     Name STRING[14], DSN·Str11, Ber        STRING[60],
0
0 PROCEDURE PIXEL (VAR BILD Abb, VAR X,Y REAL),
0 (* TURBO-Pascal-Adaption aus der FORTRAN-Subroutine nach
0   Stamer,E   "Bilderzeugung mit Nadeldrucker und PC"
0              NTB 31(1987)3,S 74-75                           *)
0 CONST BITS ARRAY[1  8] OF BYTE=($1,$2,$4,$8,$10,$20,$40,$80),
0 VAR SPROSS,ZZEILE,DZEILE,BITPOS,INDEX INTEGER,
0 BEGIN
1 IF (X<0.0) OR (X>10 84) OR (Y<0 0) OR (Y>9 03) THEN EXIT,
1 SPROSS =         TRUNC (X * 47.23)    +1,
1 ZZEILE = 256 - ROUND (Y * 28 3499) +1,
1 DZEILE·=(ZZEILE -1) DIV 8,
1 BITPOS·= 9 - ( ZZEILE - 8 * DZEILE ),
1 INDEX = DZEILE * 512 + SPROSS,
1 BILD[INDEX] = BILD[INDEX]  OR  BITS[BITPOS]
1 END,
0
0 PROCEDURE LIESW (VAR X·REAL, VAR Flag·CHAR),
0 VAR Z STRING[30],  W·CHAR; K,L INTEGER,
0 BEGIN
1   L =33,  (* Real-String max. 30 Zeichen lang *)
1   WHILE (L>0) AND (Flag<>'E') DO BEGIN
2   K =0,   Z ='',
2   REPEAT
3    Read(f,W),  K =K+1;
3    IF W=',' THEN K =33   ELSE
3    IF (W<>#32)AND(W<>#13)AND(W<>#10)AND(W<>#9)
3                           THEN   Z =Z+W
3   UNTIL (K>29) OR (EOLN(f)) OR (EOF(f)),
2   IF EOF(f) THEN Flag·='E',
2   VAL (Z,X,L);
2 IF L<>0 THEN BEGIN Writeln('*** Fehlerhafte Eingabedaten  '
3 Z,'" ---> Ignore'), Flag ='F' END
2                                END
1 END,

0
0 PROCEDURE LIESPIXEL (VAR BILD·Abb),
0 (* Bildaufbau aus der Eingabedatei durch Rueckladen *)
0 VAR p FILE, (* Untyped File fuer PIXEL-Bild  128*128 Byte *)
0 BEGIN ASSIGN(p,Name); RESET(p),
1 IF FILESIZE(p)<>128 THEN BEGIN
2 Writeln('*** Unmatched Input-File'), HALT END,
1 BLOCKREAD(p,BILD,128), CLOSE(p)
1 END,
0
0 PROCEDURE DRUCK (VAR BILD_Byte.BYTE), EXTERNAL $7EAA,
0 (* oder. BEGIN INLINE($2A/BILD_Byte/$CD/$AA/$7E)       *)
0 (* ====         ld hl,(BILD_Byte)                      *)
0 (*              call  7EAAh                            *)
0 (*              end                                    *)
0 (*        END,                                         *)
0
0 (*$I XPOLADER.INC  *)
0
0 BEGIN    (*  ==== Hauptprogramm  ====  *)
1 Writeln(#13#10#10#9#134'PIXEL - Druckprogramm fuer Bildformat'+
1 ' 10,84 cm x 9,03 cm'#132),
1 Write  (                #9'======= 7EA9 ===== V m=2 1 =========='+
1 '====================='#13#10#10),
1 IF ParamCount=1 THEN Name·=ParamStr(1) ELSE BEGIN
2 Write('ENTER [<d> ]<filename> <type> der x,y-Werte Datei ==>'),
2 Readln(Name),
2 FOR I =1 TO LENGTH(Name) DO Name[I] =UpCase(Name[I])
2                                         END; Flag ='A';
1 (*$I-*)  ASSIGN(f,Name), RESET(f), (*$I+*)
1 IF IORESULT<>0 THEN BEGIN Writeln,
2 Writeln('*** Eingabedatei ',Name,' nicht gefunden ''),HALT END,
1 LIESW(X,Flag), LIESW(Y,Flag), IF (Flag='E') OR (Flag='F') THEN
1 BEGIN
2 Writeln('Eingabedatei leer bzw. unmatched x,y-Tupel'),
2 Writeln(
2 'ANNAHME  Eingabedatei ist der DUMP eines BILD-Bereiches'+
2 '  (256/8 * 512 Byte)'+#13#10+'=======  --> Let'+#39+
2 's go to DRUCK OVX');          LIESPIXEL(BILD),     GOTO 10
2 END,
1 FOR I =1 TO 16384 DO BILD[I] =$00;          (* Leeres Bild *)
1 FOR 1 =1 TO   512 DO BILD[I] =$80;     (* Bild-Oberkante  *)
1 FOR I =15872 TO 16384 DO BILD[I]·=$01,(* Bild-Unterkante *)
1 FOR I =0 TO 31 DO  BILD[I*512+1]:=$FF;     (* Linker Rand *)
1 FOR I =1 TO 32 DO  BILD[I*512] =$FF,      (* Rechter Rand *)
1 REPEAT              (* Bildaufbau aus der x,y-Eingabedatei *)
2  IF Flag='F' THEN Flag ='A' ELSE
2  PIXEL (BILD,X,Y),
2  LIESW(X,Flag),  LIESW(Y,Flag),
2  IF Flag='F' THEN Flag ='A' ELSE
2  PIXEL (BILD.X,Y),
2  LIESW(X,Flag),  LIESW(Y,Flag)
2 UNTIL Flag='E',
1 10  DSN ='DRUCK   OVX', LAD = $7EAA,  EAD.=$FFFF,
1     XPOLADER (DSN,LAD,EAD);(* Druckroutine dynamisch laden *)
1     IF (LAD=0) OR (EAD=0) THEN BEGIN
2     Writeln,Writeln (DSN,' not found'), HALT END;Writeln(lst),
1     DRUCK (BILD[1]), Writeln(lst), Writeln(lst), Writeln,
1     Writeln('*** '+
1     'Druckergrafik aus der Datei  ',Name,' gedruckt '),Writeln,
1     Write('ENTER Bild-Unterschrift fuer die gedruckte Grafik'+
1     #13#10'==============>');
1     Readln(Ber),Writeln(lst,#9#9,Ber),Writeln(lst),Writeln(lst)
1 END.
```

***Bild 3** Grafikprogramm für Nadeldrucker nutzt Fortran- und Assembler-Subroutinen als externe Unterprogramme*

```
0 PROGRAM GRAFIK,
0 VAR X,Y REAL,  I·INTEGER;
0     f   Text,
0     Name  STRING[14];
0 BEGIN { main }
1 Name.='GRAFI.DAT';
1 assign(f,Name),  Rewrite(f);
1 X =0,   Y =0,
1 WHILE  X<=10 000 DO BEGIN
2 FOR I·=1 TO 500 DO BEGIN
3 X =X+0 01,  Y:= 9.000*SIN(X),
3 IF Y<0 THEN Y =-Y,
3 Write (f,X 6 3,',',Y 5·3,',')
3                          END { for },
2 Writeln(f,'*'),
2 I =0;
2 WHILE I<=100 DO BEGIN
3 I =I+1, X =X+0 1,
3 IF X>10 000 THEN I =101,
3 Y = 9 000*COS(X).
3 IF Y<0 THEN Y =-Y,
3 Write(f,X,',',Y,',')
3                          END { while },
2 Writeln(f,'+')
2 END { while };
1 CLOSE(f)
1 END.

* * * * * * * * * * * * *  Ausgegebene Daten     * * * * * * * *

 0.010,0.090, 0.020,0 181, 0 030,0 270, 0 040,0 360,
                                 .
4 990,8 655, 5 000,8 630,*
  5 0999999990E+00,  3 4017996758E+00,  5 1999999990E+00,   .
  .
  1.0099999999E+01,  7 0251136286E-01,+
```

***Bild 4** Programm zur Erzeugung einer ASCII-SDF-Datei und Ausschnitt aus einer Datei GRAFI.DAT*

Fortsetzung von Seite 206

(Bild 4) erstellt eine ASCII-SDF-Datei, die von GRAFIDRU (Bild 3) eingelesen und als Pixel-Bild ausgedruckt wird. Mit MicroShell (Copyright © von New Generation Systems) kann die Druckerausgabe auf eine Datei umgeleitet und später auf einem K631x, EPSON LX-86 oder ähnlichen Druckern direkt ausgedruckt werden:

A>SH<CR>
A(0) GRAFIDRU >* B:GRAFI.DMP<CR>
A(0) −x<CR>
A>PIP LST:=B:GRAFI.DMP<CR>

Literatur

/1/ Nerz, H : Assemblerroutinen in Turbo-Pascal Francis-Verlag München. mc (1986) 6, S 78

/2/ Kern, U INLASS – der Turbo-Assembler. Chip-Sonderheft Turbo-Pascal, Vogelverlag Würzburg 1986, S 86

/3/ Hanisch, Ch : EXEC – ein Startprogramm für dBase II/REDABAS MP, Berlin 2 (1988) 11, S. 131

/4/ Hanisch, Ch Automatische Generierung von BASIC-INLINE-POKEs MP 3 (1989) 3, S 75

/5/ Stamer, E.: Bilderzeugung mit Nadeldrucker und PC NTB 31 (1987) 3, S. 74

Entwicklung zuverlässiger Software in der Gerätetechnik

Uwe Schneider
Technische Hochschule Ilmenau, Sektion Gerätetechnik

Einführung

Das Einsatzspektrum von Mikrorechnern in der Gerätetechnik erweitert sich progressiv. Mit ihrem Einsatz können bekannte Gerätefunktionen effektiver bzw. erstmals zweckmäßig realisiert werden. Noch bedeutungsvoller ist die Möglichkeit der Realisierung völlig neuartiger Funktionen und Konstruktionsprinzipien. Beispiele sind automatisierte und optimierte Abläufe von Gerätefunktionen, Selbstdiagnose, automatische Fehlererkennung und -beseitigung sowie integrierte Antriebe.
Mikrorechner werden praktisch in allen Geräteklassen eingesetzt (Bild 1).

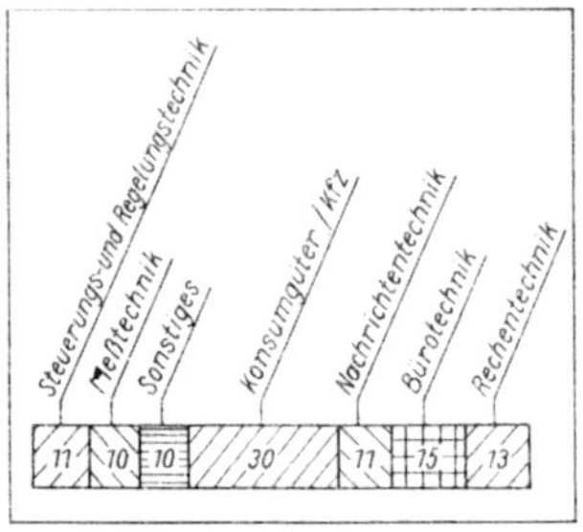

Bild 1 Einsatzgebiete von Mikrorechnern /1/

Im Beitrag wird vorzugsweise auf die Einsatzgebiete Steuerungs-, Regelungs- und Meßtechnik als Bestandteile der Antriebstechnik eingegangen.
Eine Untersuchung verschiedener Steuerungssysteme zeigt /2/, daß die Modularisierung der Hardware weit fortgeschritten ist, während kaum anwenderspezifische Software angeboten wird (Tafel 1). Durch die zunehmende softwaremäßige Realisierung von Gerätefunktionen wächst der Softwarebedarf, so daß effektive Programmiermethoden ein unbedingtes Erfordernis sind.

Tafel 1 Softwareangebot zu modularen Steuersystemen /2/

Bezeichnung	Anbieter	Software
Modulares Steuersystem	TH Ilmenau Technikum Suhl	MIBS minimale Betriebssystemfunktionen (2 KByte) CP/M
P6000	VEB Robotron-Rationalisierung Weimar	keine
Modulares Steuersystem	VEB Kombinat Carl Zeiss JENA (kombinatsintern)	UDOS-ähnliches Betriebssystem (12 KByte)
NANOS	IHS Warnemünde/Wustrow	CP/M DIALOG 880
SMS-Baugruppensortiment	AdW der DDR	keine

Um die damit zusammenhängenden Probleme lösen zu können, ist es zunächst einmal notwendig, die Eigenschaften gerätetechnischer Software zu analysieren.

Eigenschaften gerätetechnischer Software

Gerätechnische Software zeichnet sich in der Regel durch Echtzeitfähigkeit aus. Vom Charakter des programmierten Problems hängt ab, welche Zeitforderungen sich aus dem Echtzeitbetrieb ergeben. Diese Zeitforderungen sind in der Antriebstechnik besonders hoch. So sind Abtastzeiten von 5 ms bei hochdynamischen Antrieben nicht ungewöhnlich. Die Echtzeitfähigkeit ist auch eine Voraussetzung für die Zuverlässigkeit, die ja maßgeblich von der Software bestimmt wird.
Zuverlässigkeit gerätetechnischer Software bedeutet neben der als selbstverständlich vorauszusetzenden Ablauf- und Benutzungssicherheit, daß zu jedem Zeitpunkt die Kontrolle über das zu steuernde System gewährleistet sein muß. Die Zuverlässigkeit erweist sich demzufolge erst im Zusammenspiel von Software und gerätetechnischer Peripherie. Sie ist Voraussetzung für Arbeitsschutz und Gerätesicherheit, da unvorhergesehene Zustände und Programmfehler unmittelbar materiellen Schaden anrichten können.
Zuverlässigkeit ist eine unabdingbare Forderung. Sie wird erreicht durch die Anwendung von Methoden der Fehlervermeidung im Entwurf, der Fehlerbeseitigung in der Testphase sowie der Fehlererkennung und -umgehung im Betrieb. Diese Aussage verdeutlicht bereits die Bedeutung, die einer Entwurfsmethodik und Entwicklungsumgebung zukommt, die Fehler vermeidet.
Für gerätetechnische Software ist ein umfangreicher Informationsaustausch zwischen Mikrorechner und gerätetechnischer Peripherie charakteristisch. Insbesondere sind die Rückmeldungen von der Peripherie an den Mikrorechner aus zwei Gründen von Bedeutung:
Aufgrund der unterschiedlichen Arbeitsgeschwindigkeiten von mechanischem System und digitalem Rechner ist eine Synchronisation nötig.
Des weiteren – und das ist wiederum für die Zuverlässigkeit von Bedeutung – muß der Rechner Rückmeldungen über die exakte Ausführung angewiesener mechanischer Aktionen erhalten. Der Austausch von Meldungen, die aktiv den Programmablauf beeinflussen, zwischen Mikrorechner und gerätetechnischer Peripherie ist nur effektiv durch ein leistungsfähiges Interruptsystem zu realisieren.
Gerätetechnische Software zeichnet sich durch starke Applikationsbezogenheit aus. Sie ist im Gegensatz zu Anwenderprogrammen für wissenschaftlich-technische Aufgaben, Textverarbeitungssoftware usw. nicht universell nutzbar, sondern an Funktion und Konfiguration des konkreten Gerätes gekoppelt. Ihre Verbreitung hängt von den Stückzahlen des Gerätes ab. Das hat Konsequenzen für den Aufwand bei der Entwicklung der Software.

Charakteristische Eigenschaften gerätetechnischer Software sind:
- Echtzeitbetrieb
- Interruptverarbeitung
- hohes Maß an Informationsverarbeitung
- starke Applikationsbezogenheit.

Die Problemsituation der Softwareproduktion

Als Folge der dargestellten Eigenschaften gerätetechnischer Software entstehen zumeist sehr spezialisierte Softwarelösungen auf Assemblerniveau, die sich jeder Anwender für oft gleichartige Probleme immer wieder neu schafft. Diese Situation ist in mehrfacher Hinsicht unbefriedigend.
Es ist volkswirtschaftlich uneffektiv, wenn für gleichartige Problemstellungen ständig neue Lösungen gesucht werden. Das ist insbesondere der Fall, wenn man berücksichtigt, daß der große Bedarf an Software von einer zu geringen Zahl qualifizierter Programmierer bewältigt werden muß. Der Programmierer gerätetechnischer Software muß sowohl über Kenntnisse auf dem Gebiet der Gerätetechnik als auch der Informatik verfügen. Da das sicher nicht immer in ausreichendem Maße der Fall ist, wird mit der wiederholten Lösung eines Problems nicht zwangsläufig ein Qualitätszuwachs verbunden sein.
Die Situation ist weiterhin unbefriedigend, weil der vorzugsweise Einsatz der Assemblerprogrammierung, gerade im Hinblick auf steigernde Komplexität der Programme und eine größere Prozessorvielfalt, der Mehrfachnutzung existierender Problemlösungen im Wege steht.
Assemblerprogramme sind oft sehr spezialisiert, wenig strukturiert und schlecht dokumentiert, so daß es meistens einfacher ist, ein neues Programm zu schreiben als ein vorhandenes zu ändern. Assemblerprogramme sind nicht portabel. Die Effektivität der Programmentwicklung ist gering. Mit steigender Komplexität der Programme wird die Sicherung der Zuverlässigkeit problematisch. Viele Fehler werden erst in der Testphase entdeckt. Die effektive Programmierung zuverlässiger Software, die an gleichartige Aufgaben leicht angepaßt werden kann, wird durch die ausschließliche Verwendung der Assemblerprogrammierung behindert.
Hinzu kommt ein Problem, das daraus erwächst, daß gerätetechnische Software immer an eine konkrete gerätetechnische Peripherie gebunden ist. Eine zentrale Programmbibliothek, in der jeder Anwender die Software für sein Problem findet, ist aus diesem Grund nicht möglich.

Aufgabenspezifische Entwicklungsumgebungen als Möglichkeit der effektiven Softwareproduktion

Zum Inhalt des Begriffs Entwicklungsumgebung

Eine mögliche Lösung des Problems besteht in der Schaffung geeigneter Entwicklungsumgebungen, die die programmtechnische Umsetzung der zu realisierenden Funktionen bestimmter Geräteklassen unterstützen.
Eine höhere Programmiersprache, erweitert um eine problemorientierte Sprachebene und in Verbindung mit die Programmentwicklung und den Programmtest unterstützenden Softwarewerkzeugen stellt eine Entwicklungsumgebung dar. Eine solche Entwicklungsumgebung bietet die Möglichkeit, mit geringem eigenem Entwicklungsaufwand in Verbindung mit entsprechenden Hardware-

modulen komplette Anwenderlösungen aufbauen zu können.

Die benutzer- bzw. problemorientierte Sprachebene wird durch eine Menge von Softwaremodulen repräsentiert. Da sie eine Erweiterung der Sprache sind, können die Module auch als Elemente einer Fachsprache aufgefaßt werden. Die Entwicklungsumgebung vereint in sich jedoch mehr als nur eine Fachsprache.

Der Unterschied besteht zum einen in dem nach oben offenen Konzept der Entwicklungsumgebung. Das heißt, der Anwender kann nicht nur über die Elemente beider Sprachebenen verfügen. Er hat vielmehr die Möglichkeit, mit den Mitteln der Sprache selbst die Ebenen um neue Elemente zu erweitern bzw. neue Sprachebenen zu entwickeln. Zum anderen bietet eine Entwicklungsumgebung im Gegensatz zur Fachsprache vielfältige Unterstützung in Form von Softwarewerkzeugen.

Programm- und gerätetechnische Forderungen an die Softwaregestaltung

Die die benutzerspezifische Sprachebene bildenden Softwaremodule müssen bestimmten programm- und gerätetechnischen Anforderungen genügen.

Softwaremodule sind Bausteine mit definierten Schnittstellen, die unter bestimmten Bedingungen festgelegte Funktionen erfüllen. Schnittstellen und Funktion müssen eindeutig sein, damit die Softwaremodule zu einem Programmsystem verbunden werden können. Von Bedeutung ist die funktionelle Abgrenzung der Module, bei der das Systemkonzept berücksichtigt werden muß. Das heißt, die Module müssen funktionell aufeinander abgestimmt sein.

Die programmtechnischen Forderungen umfassen die Merkmale „guter Software". Das sind im einzelnen Strukturierung, Leistungsfähigkeit und Portabilität. Zu diesen Kriterien guter Programme gibt es eine umfangreiche Literatur /4/, /5/, so daß hier nur auf zwei Aspekte näher eingegangen wird.

Strukturierte Programme sind durch eine bestimmte innere Struktur und die funktionelle Abgrenzung gegen andere Programmabschnitte gekennzeichnet. Durch Strukturierung entstehen übersichtliche, durchschaubare Programme. Alle Phasen des Softwarelebenszyklus vom Entwurf bis zur Wartung können so effektiver gestaltet werden. Die verfügbaren Programmiersprachen unterstützen in unterschiedlich starkem Maße die strukturierte Programmierung.

Als zweiter sehr wesentlicher Punkt sei die Portabilität genannt. Portable Software läuft auf möglichst vielen unterschiedlichen Rechnern. Dazu muß sie maschinenunabhängig und streng genommen autark sein. Die Portabilität ist von entscheidender Bedeutung für Austauschbarkeit und Verbreitung. Nur portable Software überdauert Rechnergenerationen.

Die gerätetechnischen Anforderungen an die Softwaremodule ergeben sich aus der Verbindung von Digitalrechner und Gerätetechnik. Bei diesen Forderungen handelt es sich um die eingangs erwähnten Punkte Echtzeitfähigkeit und Informationsaustausch zwischen Rechner und gerätetechnischer Peripherie. Der Kern der gerätetechnischen Forderungen besteht darin, daß der Rechner zu jedem Zeitpunkt die Kontrolle über die gerätetechnische Peripherie besitzt. Dazu sind neben einer ausreichenden Rechenkapazität genügend Informationen über den Zustand des gerätetechnischen Systems erforderlich.

Wahl der Programmiersprache

Ein Problem stellt die Wahl einer geeigneten Programmiersprache zur Realisierung der Softwaremodule dar. Aus dem bisher gesagten wurde deutlich, daß der Einsatz höherer Programmiersprachen unumgänglich ist, wenn zuverlässige Software effektiver programmiert und einem breiten Nutzerkreis erschlossen werden soll. Aus den Anforderungen an gerätetechnische Software lassen sich die Forderungen bezüglich der Sprache ableiten. Sie sollte die strukturierte Programmierung mindestens unterstützen oder besser erzwingen. Sprache und Programme müssen in hohem Maße portabel sein. Die Sprache muß die Merkmale Echtzeitfähigkeit und nach Möglichkeit Multitaskfähigkeit besitzen. Die Interruptverarbeitung muß uneingeschränkt realisierbar sein. Der Programmierer muß die Möglichkeit der problemorientierten und der maschinenorientierten Arbeit besitzen. Schließlich sollte es auf unkomplizierte Weise möglich sein, vorhandene Assemblerprogramme einzubinden. Letztendlich spielen Kriterien eine Rolle, die vom Grad der Eignung einer Sprache unabhängig sind. Wichtigster Punkt ist die Bewährtheit und Verfügbarkeit einer Sprache durch Lehrmaterialien, Softwarewerkzeuge, Nutzergemeinschaften usw.

Subjektive Momente spielen bei der Wahl einer Programmiersprache ebenfalls eine nicht zu unterschätzende Rolle.

Höhere Sprachen, die den Anforderungen der Programmierung von Anwendersoftware in der Gerätetechnik genügen, sind die bisher vorwiegend in der Systemprogrammierung eingesetzte Sprache C und die speziell für steuerungstechnische Zwecke geschaffene Sprache Forth.

Ohne auf die Sprache näher eingehen zu wollen, werden an dieser Stelle einige Anmerkungen zu Forth gemacht. Es handelt sich bei Forth um keine Sprache im herkömmlichen Sinne: Forth vereinigt in sich das Sprachkonzept, einen Compiler, einen Editor, einen Interpreter, Betriebssystemfunktionen sowie optional einen Editor und Assembler. Alle diese Komponenten sind weitestgehend in Forth programmiert.

Einzigartig ist die Möglichkeit der Erweiterung der Sprache um neue Elemente, die selbst in Forth programmiert werden können. Damit ist Forth hervorragend zur Programmierung problemorientierter Sprachebenen, das heißt Fachsprachen, geeignet. Oder anders formuliert: Mit Forth lassen sich aufgabenspezifische Entwicklungsumgebungen, wie sie als Möglichkeit der Lösung des Problems der effektiven Softwareproduktion in der Gerätetechnik skizziert wurden, günstig realisieren. Zudem stellt Forth an sich bereits eine universelle Entwicklungsumgebung dar, die relativ leicht auf den verschiedensten Rechnern implementiert werden kann und die für den Programmierer sehr transparent ist (Bild 2).

Als Beispiel einer solchen Entwicklungsumgebung für den Aufgabenbereich Bilderkennung sei das Bilderkennungssystem BES 2000 des VEB Studiotechnik Berlin genannt /6/. In /7/ wird ein Forth-Programm zur Steuerung mehrerer 4-Phasen-Schrittmotoren vorgestellt.

Forth hat in der DDR eine größere Verbreitung, als das Zeitschriftenstudium vermuten

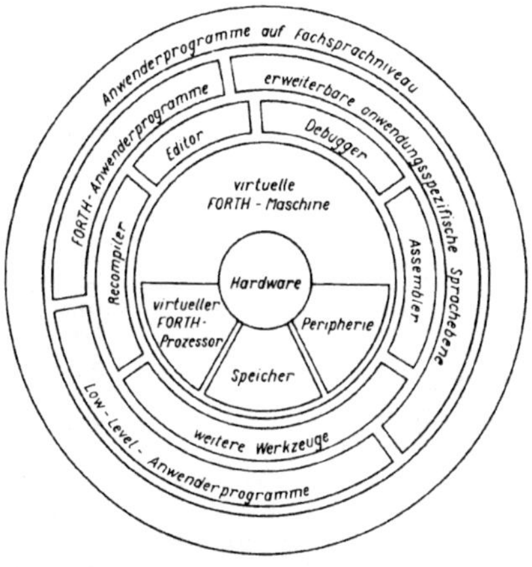

***Bild 2** Entwicklungsumgebung für gerätetechnische Antriebe*

läßt. Forth-Versionen existieren für 8- und 16-Bit-Systeme. International ist bereits ein Forth-Prozessor verfügbar, der Forth-Code direkt ausführen kann /3/. Forth ist also durchaus eine lebendige Sprache, eine Sprache mit Zukunft.

Diese Ausführungen sind als Anregungen zu betrachten, bei der Gestaltung neuer Software über die unmittelbaren Tagesbedürfnisse hinaus zu denken und hierbei mehr konzeptionell unter dem Gesichtspunkt einer hohen volkswirtschaftlichen Effektivität zu arbeiten.

Literatur

/1/ Werner, D.: Programmierung von Mikrorechnern. VEB Verlag Technik, Berlin 1986
/2/ Michael, K.: Steuersystem für modulare Antriebe. Diplomarbeit, Technische Hochschule Ilmenau, Sektion Gerätetechnik, 1987
/3/ Forth-Worte werden Fleisch. elektronikpraxis (1986) 4, S. 76
/4/ Nettesheim, H.: Programmentwurf und Programmdokumentation. Düsseldorf 1982
/5/ Kopek, H.: Software-Zuverlässigkeit. Leipzig 1977
/6/ Anwendungsbeschreibung Systemsoftware für Bilderkennungseinheit BEE 1010. RFT-VEB Studiotechnik Berlin.
/7/ Berg, K. P.; Kaiser, R. E.: Stepper Motor Actuation by FORTH. Instruments and Computers, Juli/August 1985, S. 11

⊠ KONTAKT ☏

Technische Hochschule Ilmenau, Sektion Gerätetechnik, WB Informationsgerätetechnik, PSF 327, Ilmenau, 6300; Tel. 74539

TERMINE

12. Internationales Seminar über Datenbankbetriebssysteme

WER? Tsentrprogrammsystem, Kalinin, UdSSR
WANN? 17. bis 20. Oktober 1989
WO? Suzdal, UdSSR
WAS?
- Datenbanktheorie, Modelle und Werkzeuge
- Methodologien und Hilfsmittel zum Datenbankentwurf
- verteilte Datenbanken
- Datenbankmaschinen
- Wissensbasis-Systeme
- Datenbanken und Expertensysteme
- Datenbanken in CAD/CAM-Systemen
- anspruchsvolle Anwendungen

WIE?
- Veranstaltungssprache: Englisch
- nähere Informationen über: VEB LfA Berlin, Jacques-Duclos-Straße 50/52, Berlin, 1156; Tel. 37 80 35 18

Dr. Lange/Dr. Oßwald

Computer-Club

Abfrage des Druckerstatus am AC A 7100

Wer hat es noch nicht erlebt, ein sorgfältig gestaltetes Menübild am AC A7100 wird durch die Systemmeldung auf dem Bildschirm "list device not ready type R to retry or..." verunstaltet. Und drückt man dann noch versehentlich eine falsche Taste, kann das zu undefinierten Programmabbrüchen führen. Der Grund dafür ist ein ausgeschalteter bzw. nicht betriebsbereiter Drucker.

Dieses Problem ist lösbar, indem man vor dem ersten Druckbefehl den aktuellen Druckerstatus festellt. Dazu werden in den vorgeschlagenen Programmvarianten zwei Komponenten benötigt. Als erstes muß die Portadresse der Schnittstelle zum Drucker bekannt sein. Da beim AC A7100 das Centronics-Interface in erster Linie als Schnittstelle für den Drucker benutzt wird, ist die Statusabfrage genau auf dieses Interface bezogen und wird über das Port A (Adresse 00C8H) des PPI /1/ vorgenommen. Eine Anpassung an eine andere Schnittstelle ist kein Problem und kann den jeweiligen Systemunterlagen entnommen werden. Die zweite Komponente besteht in einer geeigneten Möglichkeit, das bekannte Port zu lesen.

Mit solchen komfortablen Sprachen wie Basic (Bild 1) oder Turbo-Pascal (Bild 2) ist dies kein Problem, da Standardprozeduren zum Lesen eines Ports bereits implementiert sind. In REDABAS ist dies problematischer. Für diesen Fall wurde ein kleines Assemblerprogramm geschrieben, welches das Lesen des Ports übernimmt (Bild 3).

Es wird in einen Speicherbereich geladen, welcher von REDABAS nur selten erreicht wird. Nur nach einem ausgeführten SORT-Befehl sollte man die Assemblerroutine neu POKEn. Um nicht den ohnehin geringen Speicherplatz für Variablen (und deren Anzahl zu belasten, wird auf die Übergabe in einer Variablen verzichtet (dies ist natürlich auch in den beiden anderen Programmen möglich).

Alle 3 Testprogramme sind so aufgebaut, daß bei betriebsbereitem Drukker das Hauptprogramm ohne Unterbrechung weiterläuft und eine Drukkerausgabe erfolgen kann. Sollte aber vor oder während der Abarbeitung des Testprogrammes ein Zustand am abgefragten Ports eintreten, der nicht dem Wert für Betriebsbereitschaft des Druckers entspricht, wird das Programm unterbrochen und mit einer Bildschirmausschrift (die entsprechend positioniert sein sollte) der Fehler mitgeteilt. Das Programm kann erst fortgesetzt werden, wenn die Betriebsbereitschaft des Druckers hergestellt ist. Da der Fehlertext ständig neu geschrieben wird, sollte der Cursor ausgeschalten werden.

Die Programme sind natürlich noch ausbaufähig. Man kann dem Bediener auch die Möglichkeit eines Programmabbruchs geben oder die verschiedenen Zustände des Druckers auswerten. In Tafel 1 sind als Anregung dazu die Ergebnisse der mir zur Verfügung stehenden Druckertypen dargestellt (Basic-Funktion WERT= INP(Portadresse)). Es sei noch darauf hingewiesen, daß in der Zeit vom Netzzuschalten bis zur Betriebsbereitschaft des Druckers kurzzeitig mehrere Zustände am Port des Interfaces anliegen. Die Programme laufen unter SCP 1700 und CP/K 86.

Dirk Pietzsch

```
10    REM ** Hauptprogramm **
20    DEF FNCP$(Z%,S%)=CHR$(27)+"["+FNH$(Z%)+";"+FNH$(S%)+"H"
30    DEF FNH$(N%)=MID$(STR$(N%),2)
40    PRINT CHR$(12) : REM * BS-Loeschen *
100   REM ** Druckerausgabe **
110   GOSUB 10000
1000  END
10000 REM ** UP-Druckerstatus **
10005 PRINT CHR$(27)+"[?141" : REM * Cursor aus *
10010 DROK=INP(200)
10020 IF DROK=198 THEN 10050
10030 PRINT FNCP$(23,15);"Drucker nicht betriebsbereit !"
10040 GOTO 10010
10050 PRINT FNCP$(23,15);"                              "
10055 PRINT CHR$(27)+"[?14h" : REM * Cursor ein *
10060 RETURN
```

Bild 1 Ermitteln Druckerstatus in Basic – AC A 7100

```
PROGRAM Hauptprogramm;


PROCEDURE DRST ; (* UP DRuckerSTatus *);

VAR DR_OK : INTEGER;

BEGIN
  WRITE(^['[?141'); (* Cursor aus *);
  DR_OK:=(PORT[200]);
  WHILE DR_OK <> 198 DO BEGIN
    GOTOXY(15,23);WRITE('Drucker nicht betriebsbereit !');
    DR_OK:=(PORT[200])
  END;
  GOTOXY(15,23);WRITE('                              ');
  WRITE(^['[?14h'); (* Cursor ein *)
END;

BEGIN
  WRITE(#12); (* BS-Loeschen *);
  DRST;       (* Begin Druckerausgabe *)

END.
```

Bild 2 Ermitteln Druckerstatus in Turbo-Pascal – AC A 7100

```
* Hauptprogramm
* Laden Assemblerprogramm
SET CALL TO 60000
POKE 60000,187,104,234,228,200,136,  7,195

** UP-DRuckerSTatus **
@ 0,0 SAY CHR(27)+"[?141"
CALL
DO WHILE PEEK(60008) <> 198
  @ 23,15 SAY 'Drucker nicht betriebsbereit !
  CALL
ENDDO
@ 23,15 SAY
@ 0,0 SAY CHR(27)+"[?14h"
** ENDE DRST **


RETURN
```

Bild 3 Ermitteln Druckerstatus in REDABAS – AC A 7100

Tafel 1 Ergebnisse der Portabfrage in einigen Zuständen von zwei Druckertypen

Druckerstatus	K 6313/14	LX 800
Drucker ein/betriebsbereit	198	198
Drucker ein/nicht betriebsbereit	197/193	195
Drucker ein/Papierende	201	203
Drucker aus/kein Drucker vorhanden	207	207

Literatur

/1/ Autorenkollektiv: Betriebsdokumentation AC A7100 – Rechner und Geräte, Dresden: VEB Robotron-Elektronik Dresden

Bildschirminhalt auf Kassette speichern

Unter der Rubrik Computerclub wurde in der MP 9/87 ein Vorschlag zum Abspeichern des Bildschirminhaltes des KC 85/3 auf Kassette gemacht.

Mit dem KC 85/1 erreicht man dasselbe bei Nutzung des hier vorgestellten BASIC-Programms.

Vorgehensweise:

Programm eingeben. (Die Ziffern in den Zeilen 2 bis 28 sollen die genaue Länge der Zeilen gewährleisten. Das geht auch anders, bis einschließlich Zeile 30 aber muß jedes Byte sitzen!) Sicherheitshalber abspeichern.

Mit RUN laufen lassen. Dabei werden zunächst nur die MC-Programme in die Zeilen 2 bis 4 gepoket.

Ausprobieren der Teilprogramme:

MC-1 mit CALL 1056 schnelles CLS

MC-2 mit CALL 1088 Bildinhalt gelangt in Zeilen 5, 6, 7 ... 28

MC-3 mit CALL 1130 Umkehrung zu MC-2.

Abspeichern des in die 24 Basic-Zeilen transportierten Bildes erfolgt mit:

POKE 2294, 0: POKE 2295,0:LIST# 1"Name"5

Geladen wird ein abgelegtes Bild mit:

LOAD#1 "Name"

```
PROGRAMM

1 POKE2294,252:POKE2295,8:GOTO30
2 !1234567890123456789012345 6
3 !123456789012345678901234567890123456
4 !12345678901234567890123456789012345
5 PRINT"123456789012345678901234567890l2
34567890

           .
           .
           .
28 PRINT"1-------------------------------
--------0
30 !
1000 FORX=1056TO1165:READY:IFY=999THENST
OP
1010 POKEX,Y:NEXTX
1020 DATA229,197,213,33,1,236,43,54,32,6
2,4,6,240,35,54,32,16,251,61,32
1030 DATA246,209,193,225,201,32,0,101,4,
3,0,156,229,197,213,33,148,4
1040 DATA17,2,236,27,27,14,24,6,40,26,11
9,19,35,16,250,35,35,35,35,35,35
1050 DATA35,13,32,238,209,193,225,201,32
,0,142,4,4,0,156,229,197,213,17
1060 DATA148,4,33,2,236,43,43,14,24,6,40
,26,119,19,35,16,250,19,19,19,19
1070 DATA19,19,19,13,32,238,209,193,225,
201,999
```

Bild 1 Programm zum Abspeichern des Bildschirminhalts

```
     E5     PUSH HL       Reg.retten
     C5     PUSH BC
     D5     PUSH DE
     2101EC LD   HL,EC01 Bildanfg.in HL
     2B     DEC  HL      nie 0 in Zeile
     3620   LD   HL,(20) Leerz.
     3E04   LD   A,04    4*240=960
LP1  06F0   LD   B,F0
LP2  23     INC  HL      Naechste Stelle
     3620   LD   (HL),20 Loeschen
     10FB   DJNZ LP2     Block wdh.
     3D     DEC  A       Naechster Block
     20F6   JR   NZ,LP1
     D1     POP  DE      Reg.herstellen
     C1     POP  BC
     E1     POP  HL
     C9     RET
     20                  Leerzeichen
     00                  Zeilenende Z.2
     6504                Pointer    Z.3
     0300                Z.-Nr.     Z.3
     9C                  REM-Token  (!)
```

Bild 2 Schnelles Bildschirmlöschen

```
     E5     PUSH HL
     C5     PUSH BC
     D5     PUSH DE
     219404 LD   HL,0494 BASIC-Pu.Anfang
     1102EC LD   DE,EC02 Bildsp.  Anfang
     1B1B   DEC  DE ..   Nie 0 in Zeile
     0E18   LD   C,18    24 Zeilen
LP1  0628   LD   B,28    Je 40 Zeichen
LP2  1A     LD   A,(DE)  Z. aus Bild
     77     LD   (HL),A  In BASIC-Zeile
     13     INC  DE      Naechtes Z.
     23     INC  HL
     10FA   DJNZ LP2
     232323 INC  HL ..   Ueberspringen
     232323 INC  HL ..   Z.-End,Pointer,
     23     INC  HL      Z.-Nr.u.PRINT"
     0D     DEC  C       Naechste Zeile
     20EE   JR   NZ,LP1
     D1C1E1 POP  ......  Reg. herstellen
     C9     RET
     20008E              Wie MC-1
     0404009C
```

Bild 3 Bildinhalt in die Zeile 5 bis 28 übernehmen

```
     E5C5D5 PUSH ......  Reg. retten
     119404 LD   DE,0494
     2102EC LD   HL,EC02
     2B2B   DEC  HL ..
     0E18   LD   C,18
LP1  0628   LD   B,28
LP2  1A     LD   A,(DE)
     77     LD   (HL),A
     13     INC  DE
     23     INC  HL
     10FA   DJNZ LP2
     131313 INC  DE ....
     131313 INC  DE ....
     13     INC  DE
     0D     DEC  C
     20EE   JR   NZ,LP1
     D1C1E1 POP  ......
     C9     RET
```

Bild 4 Umkehrung zu MC-2

Jetzt die Zeilen 1000 bis 1070 löschen. Sie werden nicht mehr benötigt. Danach das fertige Programm abspeichern und die Kopie in Zukunft verwenden.
Da die MC-Programme in den Basic-Zeilen 2 bis 4 abgelegt wurden, stehen sie nach jedem Laden sofort zur Verfügung, was sehr vorteilhaft ist. Allerdings geht jetzt das Listen etwas ungewöhnlich vor sich. Aber wer listet sich schon ständig durch die Zeilen 1 bis 28? Besser man verwendet gleich LIST 30.

Erklärungen:
Einige Computer verfügen über Basic-Befehle, die ein sofortiges Abspeichern beliebiger Speicherbereiche (also auch des Bildspeichers) auf Kassette gestatten. Die KC-Rechner können das aus dem Basic heraus nicht. Es gibt aber die Möglichkeit, Teile des Basic-Programms auszugeben.
Der Bildinhalt wird deshalb in Teile zerlegt und mit MC-2 in vorbereitete Basic-Zeilen abgelegt.
Da der Bildschirm aus 24 Zeilen zu je 40 Zeichen aufgebaut ist, werden entsprechende Basic-Zeilen (5, 6, 7 ... 28) benötigt.
Das Prinzip geht auf das Abspeichern von MC-Programmen in REM-Zeilen zurück. REM ist aber für unser Anliegen nicht brauchbar, da dann beim LIST die Grafikzeichen als Basic-Token interpretiert werden. Deshalb also PRINT" in den Zeilen 5 bis 28. Das hintere Anführungszeichen weglassen.
Nach CALL 1088 ist der Basic-Bildschirm-Puffer gefüllt und kann mit dem LIST-Befehl auf Kassette gebracht werden. Beim Laden des Bildes mit LOAD listet der Interpreter zwangsläufig und geht anschließend in den Kommandomodus. Jetzt kann mit CALL 1130 der Bildschirmspeicher mit dem eben geladenen Inhalt der Basic-Zeilen gefüllt werden.
Das Programm ist eigentlich als Vorsatz gedacht. Ab Zeile 31 kann deshalb unter Beachtung des unter Vorgehensweise gesagten weiterprogrammiert werden (z. B. Aufbau des Bildes). Eine Taste wird geopfert, damit nach ihrer Betätigung MC-2 aufgerufen wird. Dann hat man den Bildinhalt ohne störende Kommandos auf Kassette.
Wozu ist Zeile 1 gut?
Hat man ab Zeile 31 weiterprogrammiert, würde der Befehl LIST#1"Name"5 alle Zeilen ab 5 bis zum Basic-Ende auf Kassette auslagern und nicht nur die bis 28, sehr ärgerlich...
Deshalb die beiden POKEs vor diesem Befehl. Diese setzen den Zeilenpointer der Zeile 30 auf 0. Mit dem Zeilenendezeichen der Zeile 28 stehen dann drei Nullen hintereinander, was Basic-Ende bedeutet.
Da der Interpreter nach LIST anhält, muß mit RUN neu gestartet werden. Jetzt wäre das scheinbare Basic-Ende zur Falle geworden, wenn nicht Zeile 1 die richtigen Werte für den Pointer wieder einstellen würde.

Henrik Luther

Strings plotten in Großschrift

Mit diesem Programm wird dem Basicprogrammierer die Möglichkeit gegeben, Zeichenketten in beliebiger Größe an jeder beliebigen Position des Bildschirms auszugeben. Im Gegensatz zum PRINT besteht keine Bindung an das 8 × 8 Pixelraster.
Zur Benutzung sind folgende Schritte im Basicprogramm notwendig:

1. Ablegen des auszugebenden Strings in der Variablen A$ (z. B. A$ = "Strings plotten")
2. auf Speicherplatz 5 und 6 die Vergrößerungsfaktoren (Höhe, Länge) ablegen (z. B.
POKE 5,1 :REM normale Höhe)
POKE 6,2 :REM doppelt so lang)
3. linke obere Ecke des ersten Zeichens von A$ (10,200) und Farbe(7) festlegen (z. B. PRESET 10,200,7)
4. Programm aufrufen (z. B. CALL <Startadresse>)

```
10  WINDOW 0,31,0,39:CLS
20  A$="U 880"
30  FOR K=1 TO 10
40  FOR I=1 TO 10
50  POKE 5,K: POKE 6,I
60  PRESET 10,200,7
70  CALL 8
80  PAUSE 10
90  CLS
100 NEXT I,K
```

Bild 1 Beispiel für Großschrift

Aufgrund seiner Länge (283 Byte) ist dieses Programm nicht zum Einlesen von Basic aus geeignet, da es auf diese Art zweimal Speicherplatz belegen würde.
Es empfiehlt sich eine Eingabe über Modify mit einem nachfolgenden Sichern auf Magnetbandkassette.
Dieses Programm konnte auf Grund seiner großen Sprungdistanzen nicht in verschiebbarem Maschinencode geschrieben werden, so daß bei Verschiebungen eine Anpassung der Sprungadressen erfolgen muß. Im konkreten Fall geschieht das nach Eingabe des Programms durch folgende Basic-Befehle:

DOKE<Startadresse dez. + 127>,
<Startadresse + 212>
DOKE<Startadresse dez. + 198>,
<Startadresse + 60>

In einem kurzen Beispielprogramm (Bild 1), wird die Anwendung dieser Routine verdeutlicht. Voraussetzung für eine einwandfreie Funktion ist ein korrekt abgelegter Maschinencode ab Adresse 08H (siehe Bild 2).

Thorsten Noske

```
0008    CD  18  F0  C5  D5  E5  F5  FD
0010    E5  2A  D7  03  3E  80  ED  A1
0018    20  FC  7C  FE  3A  D0  00  00
0020    3E  41  BE  28  04  00  00  18
0028    EB  23  7E  32  00  00  23  7E
0030    32  01  00  23  7E  32  02  00
0038    23  7E  32  03  00  3A  00  00
0040    47  2A  02  00  7E  E5  FE  60
0048    38  02  D6  20  D6  1F  C5  47
0050    3E  00  C6  08  FE  F8  28  07
0058    10  F8  26  00  6F  18  0E  21
0060    E8  00  A4  04  C6  08  10  FC
0068    11  00  00  5F  19  ED  5B  A6
0070    B7  19  11  08  00  ED  52  0E
0078    08  ED  5B  D3  B7  ED  53  07
0080    00  E5  7E  06  08  17  CD  DC
0088    00  10  FA  2A  07  00  22  D3
0090    B7  3A  05  00  47  3A  D5  B7
0098    00  90  32  D5  B7  E1  23  0D
00A0    79  FE  00  20  DC  3A  05  00
00A8    4F  00  3A  D5  B7  06  08  81
00B0    10  FD  32  D5  B7  16  00  3A
00B8    06  00  5F  2A  D3  B7  06  08
00C0    19  10  FD  22  D3  B7  C1  E1
00C8    23  05  78  FE  00  C2  44  00
00D0    FD  E1  F1  E1  D1  C1  CD  1B
00D8    F0  C9  00  00  08  D9  2A  D3
00E0    B7  22  09  00  3A  05  00  4F
00E8    3A  06  00  47  08  30  06  08
00F0    CD  03  F0  30  08  08  00  23
00F8    22  D3  B7  10  EF  2A  09  00
0100    22  D3  B7  3A  D5  B7  3D  32
0108    D5  B7  0D  79  FE  00  20  D8
0110    3A  05  00  47  3A  D5  B7  80
0118    32  D5  B7  2A  D3  B7  16  00
0120    3A  06  00  5F  19  22  D3  B7
0128    D9  08  C9  00  00  00  00  00
```

Bild 2 Großschrift für KC 85 (Hexdump)

Prozessor mit 16,5 MIPS

Der V80 von der Nippon Electric Corporation ist ein 32-Bit-Prozessor mit einer CISC-Architektur, der mit 16,5 MIPS (Millionen Instruktionen pro Sekunde) bei einer Taktfrequenz von 33 MHz rund 2,5mal schneller als der V70 ist (siehe auch MP 4/89, Seite 124). Die hohe Verarbeitungsleistung wird durch eine siebenstufige Pipeline-Architektur, je 1 KByte Cache-Speicher für Befehle und Daten sowie eine Fehlererkennung für Adreß- und Datenbus erreicht. Hergestellt wird der Chip in einer 0,8-μm-Technologie. Seine 930000 Transistoren befinden sich auf einer Chipfläche von 14,49 × 15,47 mm^2. Es existieren Versionen für Taktraten von 25 und 33 MHz. Ab 1990 soll auch eine 45-MHz-Version mit 22,5 MIPS verfügbar sein. *MP*

CADdy Junior

Für Einsteiger in den Bereich des computergestützten Zeichnens wird von Ziegler Instruments GmbH jetzt eine reduzierte Version des bekannten CAD-Paketes CADdy angeboten. CADdy Junior läuft auf IBM PCs und Kompatiblen und enthält Funktionen für das Zeichnen und Konstruieren mit geometrischen Grundelementen, für das Bemaßen, das Ändern von Geometrien und für die Symbol- und Ebenentechnik. Ein Austausch von Geometriedaten über eine DXF-Schnittstelle ist auch mit DTP-Programmen möglich. *MP*

PostScript-Farbdrucker

Von der Firma QMS wurde kürzlich der nach eigenen Angaben erste Farbdrucker vorgestellt, der die 35 Schriften und Farbsteuerkommandos der von Adobe entwickelten Programmiersprache PostScript enthält. Der ColorScript 100 arbeitet mit der Thermotransfer-Drucktechnik und liefert eine Auflösung von 300 × 300 Punkten pro Zoll. Als Farbträger dient eine Polyesterfolie, die mit den Grundfarben Cyan, Magenta, Gelb und Schwarz beschichtet ist. In vier Durchgängen erfolgt beim Druck das Schmelzen und Übertragen der Farben auf das Papier.
Damit sollen über 16 Millionen Farbkombinationen möglich sein. Der Drucker ist kompatibel zu den gängigen DTP-Programmen, die Farbe unterstützen und verarbeitet z. B. Dateien mit Farbinformationen des Ventura Publisher oder Adobe Illustrator.
Als Einstiegsmodell für Desktop Publishing-(DTP-)Anwendungen dient das Modell 20 für A4-Formate, mit einem 68020-Prozessor auf der Controllerkarte und 5 MByte RAM. Bei wachsendem Druckbedarf kann der Drucker zum Modell 30 erweitert werden – mit zusätzlich 4 MByte RAM, 20 MByte Festplatte und A3-Papierkassette. *MP*

Entwicklungstendenzen bei Bauelementen im kapitalistischen Markt

Der Markt für elektronische Bauelemente ist 1988 um mehr als 37 Prozent auf 46 Mrd. US-Dollar angewachsen. Dabei konnten die japanischen Hersteller ihre führende Position weiter festigen. Nach Angaben der Nachrichtenagentur Kyodo vereinigten die japanischen Hersteller 1988 rund 50 Prozent der gesamten Chipproduktion auf sich. Den Markt für Speicherchips soll Japan sogar zu 80 bis 90 Prozent beherrschen /1/.
Beachtliche Produktions- und Investitionspläne kündigten die führenden Elektronikkonzerne Nippon Electric Corp., Toshiba, Hitachi, Fujitsu, Mitsubishi Electric Corp. und Oki Electric Ind. an. Sie wollen ihre Halbleiterproduktionen in diesem Jahr um 15 bis 34 Prozent steigern. Danach soll ein Wert in Höhe von 2378 Mrd. Yen erreicht werden /2/.
Zu einem bedeutenden Faktor in der Halbleiterindustrie entwickelten sich die *anwendungsspezifischen ICs*. Ihr Anteil am internationalen Handel mit ICs soll 1990 rund 21 Prozent betragen. Der Absatz soll von 6 Mrd. US-Dollar 1987 auf 15 Mrd. US-Dollar 1992 ansteigen, wobei der Anteil der vollkundenspezifischen Schaltkreise an den Gesamtverkäufen von ASICs von 33 Prozent 1988 auf 15 Prozent 1992 zurückgehen soll. Im Gegensatz dazu soll der Anteil der Standardzellen-ICs von 16 Prozent 1986 auf 24 bis 25 Prozent anwachsen. Wesentlich an Bedeutung zunehmen sollen Gate Arrays, die 1992 mit 7,8 Mrd. US-Dollar mehr als die Hälfte des ASIC-Umsatzes auf sich vereinigen. In der Produktion von ASICs sind eine beginnende Spezialisierung auf bestimmte Schaltungstypen, die Schaffung von speziellen Design-Zentren sowie von Entwicklungssystemen für den Anwender erkennbar. Die wichtigsten Anwendungsgebiete für ASICs sind gegenwärtig die Telekommunikation (25 %), die Industrieelektronik und die Datenverarbeitung (jeweils 20 %) sowie der militärische Bereich. Zunehmende Bedeutung gewinnt die Kfz-Elektronik /1/.
Obwohl sich *RISC-Prozessoren* nur unwesentlich von CISC-Prozessoren unterscheiden, ist ihre Rechengeschwindigkeit aufgrund eines verkleinerten Befehlssatzes rund 10mal schneller. Deshalb wird sich die RISC-Technologie künftig durch alle Bereiche der Computertechnik ziehen. Das Wachstum für RISC-Prozessoren im Computerbereich wird bis 1992 auf rund 60 Prozent jährlich veranschlagt. Am stärksten sollen die Verkäufe von Grafik-Supercomputern auf RISC-Basis zunehmen (um etwa 115 % jährlich). Als perspektivreich wird auch der Einsatz von RISC-Prozessoren in Systemen der Spracherkennung, der Laserdrucktechnik sowie der Automatisierungstechnik gesehen. Insgesamt wird für RISC-Prozessoren bis 1992 ein Wachstum von durchschnittlich 95 Prozent jährlich prognostiziert. Zur Zeit sind allerdings erst sehr wenige ausschließliche RISC-Systeme in Anwendung. In den meisten Fällen handelt es sich um hybride Lösungen, das heißt die Kombination beider Technologien /1/.
Der Markt für sehr schnelle Logik-Chips, der sich vor kurzem auf Großcomputer in Form von TTL beschränkte, hat sich bedeutend erweitert. Der Einsatzbereich für ICs mit sehr schnellen Verarbeitungszyklen weitet sich ständig aus. Die Produzenten von GaAs-Schaltkreisen haben Probleme wie hohe Herstellungskosten und relativ geringe Fertigungsausbeute zu lösen. Trotz dieser Einschränkungen sind GaAs-ICs immer dann von Bedeutung, wenn die Geschwindigkeit oder die Strahlenresistenz die wichtigste Rolle spielen. In allen anderen Anwendungsfällen behält der preisgünstigere Silizium-Chip weiterhin den Vorzug. Der Firma Gigabit Logic soll es zum Beispiel gelungen sein, die Fertigungsausbeute für GaAs im letzten Jahr von 30 auf 50 Prozent zu steigern /1/. Dataquest prognostiziert, daß sich der Markt für integrierte Schaltkreise auf GaAs-Basis bis 1991 im Durchschnitt um 96,2 Prozent auf rund 700 Mio US-Dollar ausweiten wird. Dabei setze sich verstärkt die Digitaltechnik durch. Der Verkauf von optoelektronischen Erzeugnissen auf GaAs-Basis soll sich 1991 von 2,1 auf 2,7 Mrd. US-Dollar erhöhen /3/.
Die wachsende Bedeutung von Sensoren und Sensorelementen kommt darin zum Ausdruck, daß es rund 10000 unterschiedliche Sensoren auf dem westlichen Markt gibt. Mit der Herstellung von Sensoren befassen sich gegenwärtig rund 2100 meist mittlere Betriebe, davon 1000 in Westeuropa (BRD: 500), 600 in den USA und 500 in Japan. Der Markt für Sensoren weist ein Wachstum von 15 bis 20 Prozent jährlich auf. Von den gegenwärtig produzierten Sensoren sind 20 Prozent Halbleitersensoren. Dieser Anteil soll bis 1992 auf 40 Prozent gesteigert werden. An Bedeutung zunehmen werden künftig faseroptische Sensoren und sogenannte Smart-Sensors, die elektronische Datenverarbeitung und den Prozeß des Messens in einem IC verbinden.
Zu den wichtigsten Trends bei den Sensoren gehören:
– Miniaturisierung
– Kombination von Sensoren mit Signalvorverarbeitung auf engstem Raum, d. h. intelligente Sensoren und Aktoren zu Sensorsytemen
– Entwicklung neuer Materialien für selektive Sensoren, vor allem für chemische und biologische Messungen.

Für den Markt von Leistungshalbleitern werden Wachstumsraten bis zu 50 Prozent jährlich vorausgesagt. Insgesamt wird die Leistungselektronik hauptsächlich von Leistungsdioden, bipolaren Leistungstransistoren und Thyristoren bestimmt. Bis 1992 soll dieser Anteil voraussichtlich auf 65 Prozent gesunken sein. Stark an Bedeutung zunehmen sollen die sogenannten intelligenten Leistungs-ICs in gemischten Technologien. Hauptanwendungsgebiete für Leistungshalbleiter im kommerziellen Bereich sind gegenwärtig die Industrieelektronik (33 %), die Kfz- und die Konsumgüterelektronik (14 %), die Computertechnik (11 %) und die Telekommunikation (9 %). Bis 1992 soll der Anteil der industriell eingesetzten Leistungshalbleiter auf 40 Prozent und der in Kraftfahrzeugen und anderen Konsumgütern auf 25 Prozent steigen /1/.
Die Technik der integrierten Halbleiterschaltungen ist eine Branche mit rascher Innovationsgeschwindigkeit und ebenso raschem wirtschaftlichen Wachstum. Die Technologie entwikkelt sich heute schon schneller, als die Kunden sie dann in ihre Systeme integrieren können.
Als sehr bedeutsam wird für Halbleiter-Hersteller in Zukunft eine neue Technik zum Aufbau lokaler Verbindungen direkt auf dem Chip sein. Hierbei werden dünne Titan-Nitrid-Streifen erzeugt, die benachbarte Leiterbahnen miteinander koppeln und die ohne zusätzliche Komplizierung des Fertigungsgangs auf den Chip gebracht werden können.
Weitere Fortschritte auf dem Weg zu hochintegrierten Chips betreffen die Technik der vertikalen Kontaktierung, wo von gewöhnlich metallgefüllten Kontaktlöchern auf neuartige Wolfram-Kontakte übergegangen wird. Dabei steigt die Zuverlässigkeit, und man erhält glatte Oberflächen, was den Aufbau mehrlagig metallisierter Chip-Sandwiches erleichtere. Dreilagig metallisierte Chips machen ASICs, VLSI- und ECL-Schaltungen extrem hoher Leistung möglich /4/.
Elektromechanische und passive elektronische Bauelemente (Widerstände, Kondensatoren, Schalter, Steckverbinder, Leiterplatten) werden künftig nicht an Bedeutung verlieren und nach wie vor Wachstumsmärkte bleiben. Im Gegensatz zu den Halbleitern werden sie weniger von konjunkturellen Entwicklungen beeinflußt. Bei diesen Bauelementen wird langfristig mit jährlichen Steigerungsraten von durchschnittlich 5 bis 6 Prozent gerechnet /1/.

Quellen

/1/ Außenwirtschaft. – Berlin 17 (1989) 5. – S. 26, 27
/2/ Eildienst. – Berlin (1989) 3. – S. 4
/3/ Eildienst. – Berlin (1988) 253. – S. 4
/4/ Elektronik. München 37 (1988) 15. – S. 60–68

Fa.

Tastaturen

Die ständig steigende Komplexität und die Vielfalt von Standard- und Anwendersoftware für PCs stellen immer höhere Anforderungen an den Bediener. Für verschiedene Programmiersprachen, Textverarbeitung, Grafik sowie für Steuerungen müssen beispielsweise Sonderzeichen, Formeln, Kommandos oder Befehlssequenzen erzeugt werden; das Umschalten auf andere Zeichensätze (z. B. kyrillisch oder griechisch) ist erforderlich. Abhängig vom Programm oder von der Funktion ändert sich die Tastenbelegung. Die üblichen (IBM-kompatiblen) Tastaturen bekommen eine nahezu unüberschaubare Funktionsvielfalt. Hierbei sind 6fach-Tastenbelegungen keine Seltenheit mehr.

Das Problem mit einer größeren Tastatur lösen zu wollen führte dazu, daß Spezialtastaturen bereits bis zu 500 Tasten enthalten. Auch der Einsatz der Maus in Verbindung mit Bildschirmmenüs kann dieses Problem allein nicht lösen, da Eingabegeschwindigkeit und Bedienkomfort in vielen Fällen nicht ausreichend sind und die Fehlerrate höher als bei der Tastatur ist.

Die bei Standardtastaturen häufig vorhandenen 10 bis 12 Funktionstasten sind für viele Anwendungen ausreichend. Sie sind dann schwer bedienbar, wenn sie mehrfach belegt sind. Die Mehrfachbelegung der alphanumerischen Tasten ist ebenfalls bedienunfreundlich und bei einer Mehrfachbeschriftung der Tasten dazu noch unübersichtlich.

Die Forderung, die Tastaturen trotz unterschiedlicher oder mehrfacher Belegung leicht bedienbar zu machen, veranlaßte viele Hersteller, (XT-, AT- bzw. PS/2-kompatible) Tastaturen zu entwickeln, die diese Probleme (unterschiedlich) lösen. Allen Lösungen gemeinsam ist ein in der Tastatur integrierter Mikroprozessor (meist 8 Bit), 10 bis 34 Funktionstasten, bis zu 64 KByte RAM für das Speichern der momentanen Tastenbelegung (eventuell EEPROMs oder ein batteriegestützter SRAM) und bis zu 32 KByte EPROM für die Standardbelegung der Tastatur und für das Programm des Prozessors. Pro Funktionstaste können Ketten von bis zu 126 Zeichen gespeichert werden. Manche Tastaturen erlauben die freie Definition nahezu aller Tasten. Hierfür werden auswechselbare Tastenkappen oder Tastenschablonen für verschiedene Standardprogramme geliefert. Leere Schablonen ermöglichen die Beschriftung durch den Anwender. Für die Programmierung der Tasten kann die Tastatur ein spezielles LC-Tableau enthalten.

Weiterhin gibt es Tastaturen mit Anschlüssen für eine Maus oder einen Barcodeleser. Eingebaute Magnetkartenleser ermöglichen eine personengebundene Tastaturkonfiguration oder auch eine Benutzungsberechtigung. Für ein variables Absetzen der Tastatur werden Tastaturen batteriegepuffert und mit einer Infrarotfernbedienung versehen.

Zwei besonders interessante Lösungen sollen im folgenden etwas näher vorgestellt werden.

Bei der **Alphakey MF3** wird die Tastenbelegung mit einer Schablone kenntlich gemacht (Bild 1). Das Besondere an dieser Tastatur ist die Vielfalt der Programmierbarkeit der Tasten. Von den 119 Tasten können die Funktionstasten, die Sondertasten sowie der Kursor- und der Ziffernblock, also knapp die Hälfte aller Tasten, programmiert werden. Die Programmierung kann in vier Ebenen (normal und zusammen mit Shift, Ctrl, oder Alt) erfolgen. In der normalen oder PC-Ebene können 10 Zeichen pro Taste eingegeben werden. Bei den Funktionstasten (F1 bis F10) sind in zwei Ebenen auch 44 Zeichen möglich. Durch Schachtelung (eine Taste ruft eine andere) können die zehn Funktionstasten auch Sequenzen von bis zu 440 Zeichen erzeugen.

Die Programmierung ist denkbar einfach: Man drückt die Taste PRG und die zu belegende Taste und gibt dann die Sequenz ein; abgeschlossen wird wieder mit PRG. Soll die im RAM der Tastatur enthaltene Tastenprogrammierung nach Abschalten des Rechners erhalten bleiben, dann kann ein mit EEPROMs bestücktes *Memory*-Modul programmiert werden (EEPROM = elektrisch löschbarer, programmierbarer Nur-Lese-Speicher). Nach Wiedereinschalten des Rechners wird dann der *Memory*-Inhalt automatisch wieder in den RAM kopiert. Außerdem kann auch eine Datei auf Floppy- oder Harddisk erzeugt werden. Für die Anwender-Tastenbelegung gibt es Schablonen, die selbst beschriftet werden können.

Für Standardsoftware existieren bereits *Fix*-Module (mit EPROMs) und entsprechend beschriftete Schablonen (siehe Bild 1). Sollen zu einer Standardsoftware, die beispielsweise nur in einer Ebene Tasten definiert, zusätzlich (in anderen Ebenen) anwenderspezifische Tastenbelegungen programmiert werden, dann können auch *Kombi*-Module, die EPROMs *und* EEPROMs enthalten, eingesetzt werden. Der Modulwechsel kann bei eingeschaltetem Rechner erfolgen.

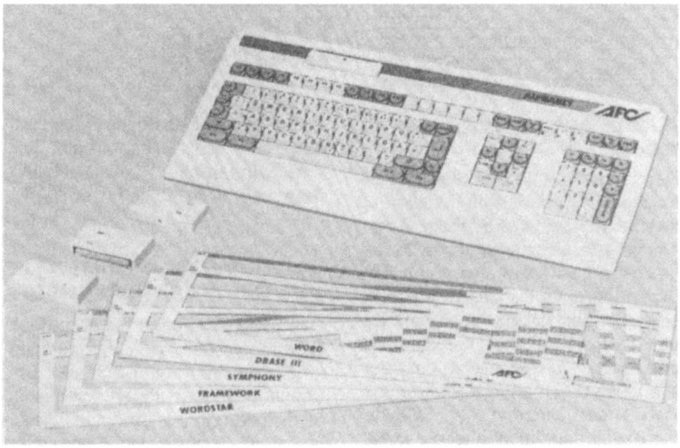

Bild 1 Alphakey MF3

Vom Hersteller AFC Technology Leverkusen werden Versionen für PC-XT, /AT und PS/2 angeboten. Zusätzlich existiert eine Schnittstelle für Barcode-, Magnetkarten- und Klarschriftleser sowie für ein Spracherkennungssystem.

Noch größere Variantenvielfalt und Bedienfreundlichkeit als die Alphakey bieten die verschiedenen Versionen von **The Board**. Die Tastatur besteht aus 117 oder 127 Tasten, von denen je nach Version 12 bis 113 Tasten mit einer LCD-Beschriftung versehen und damit auch programmierbar sind (Bild 2: 12 LCD-Tasten, Bild 3: 87 LCD-Tasten). Diese LCD-Tasten zeigen grafisch oder alphanumerisch die momentane Tastenbelegung an. Das ist für maximal 34 Funktionstasten mit 20 × 8 Punkten und für maximal 79 alphanumerische, Ziffernblock- und Kursorblocktasten mit 8 × 12 Punkten möglich.

Auf der Leipziger Frühjahrsmesse wurde die neue LCD-Taste The Key mit 32 × 16 Punkten angeboten, die wahlweise einen rot und/oder grün beleuchteten Hintergrund enthält.

Die Bildpunkte der LC-Displays können mit der mitgelieferten Software einzeln angesteuert werden. Die Darstellung ist positiv, negativ oder blinkend möglich. Die Programmierung der Tasten kann auch hier in vier Ebenen erfolgen (normal, Shift, Ctrl, Alt). In den 64 KByte großen RAM können für jede Tastenfunktion Ketten von bis zu 126 Zeichen eingegeben werden. Programmiert werden die Zeichenketten hier (ähnlich wie bei der Alphakey) mit der STRING-Taste. Diese Stringprogrammierung ist auch während eines Anwenderprogramms möglich, so daß häufig benötigte Textpassagen oder Steuersequenzen komfortabel gespeichert werden können. Ein Datenerhalt ist ausschließlich auf Diskette oder Festplatte möglich.

Jede Tastaturversion ist an XTs, an ATs oder an PS/2-Modelle anschließbar. Die Firma Hohe Electronics Neukirchen, bietet auch eine Version an, bei der zwischen PC-Tastaturbelegung und Terminalemulation für Großrechner (3270 oder VT220) umgeschaltet werden kann (siehe auch MP 12/1988, Seite 383). *MP-Hk*

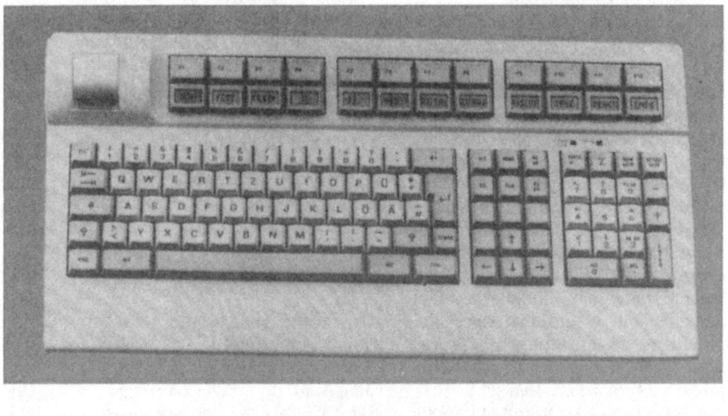

Bild 2 The Board MF 1.12

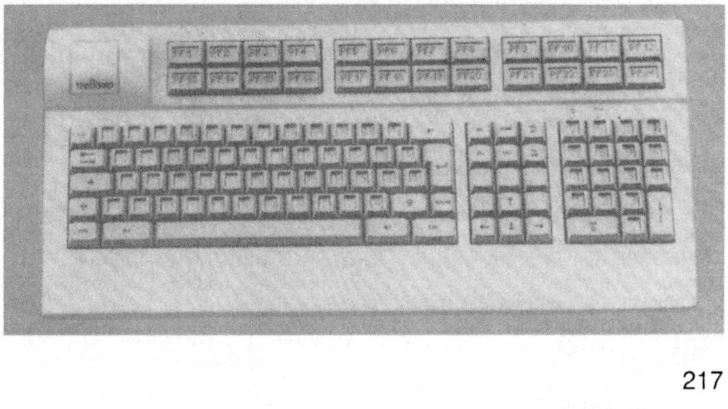

Bild 3 The Board MF 1.24

Datenübertragungstreiber COCO

Der asynchrone Datenübertragungstreiber COCO stellt eine Erweiterung des Betriebssystems SCP dar und ermöglicht die Übertragung von Diskettendateien zwischen zwei über eine Standleitung verbundene Datenendeinrichtungen (DEE). Nach dem Laden verbleibt er im Hauptspeicher und schützt sich selbst vor dem Überschreiben durch andere Programme. Neben der Nutzung der SCP-Betriebssystemfunktionen ist die Lokalarbeit mit Standardsoftware (REDABAS, TP, POWER, KP) und unter Einhaltung bestimmter Randbedingungen mit Anwendersoftware (z. B. SCOM-LAN-Software) bei geladenem Treiber auch weiterhin möglich. Ein Dateitransfer wird bei Übereinstimmung einer vom Nutzer zu einem beliebigen Zeitpunkt eingegebenen Übertragungsstartzeit mit dem Stand der in COCO implementierten Echtzeituhr ausgelöst. Der Treiber gewährleistet dazu die permanente Anrufbarkeit der dateiempfangenden DEE. Durch eine spezielle Steuersoftware erfolgt die automatische Programmumschaltung vom Lokalarbeitsprogramm zum Datenübertragungstreiber COCO, das heißt, eine Datenübertragung unterbricht sowohl bei der dateisendenden als auch der dateiempfangenden DEE laufende Lokalarbeitsprogramme.
Nach Abschluß des Dateitransfers wird die Abarbeitung der zuvor unterbrochenen Lokalarbeitsprogramme fortgesetzt. COCO wurde bisher auf PC 1715 implementiert. Eine Version für BC 5120 mit E/A-Karte ATS 7028.20 ist vorgesehen.

VE BKK Senftenberg, Prozeßautomatisierung und Steuerung IRT, Brieske, 7803; Tel. 840 *Lieske*

Ein neues Datenbankkonzept

An der Hochschule für industrielle Formgestaltung Halle Burg Giebichenstein wurde ein Konzept für das Speichern von Fakten- und Bildinformationen entwickelt und verwirklicht. Die Basis dazu bildet die Kopplung eines Videorecorders mit einem BC 5120, die in Form einer Hard- und Software-Lösung geschaffen wurde (BUMA Karl-Marx-Stadt). Alphanumerisch beschreibbare Fakten werden mit dBase in Tabellenform erfaßt. Die informationelle Struktur des Gesamtsystems wird durch eine umfangreiche Menüsteuerung, die mit dem Programmierwerkzeug **MAKEMENU** erzeugt wurde, realisiert.
Die Steuerung aller Vorgänge erfolgt mit einem in Turbo-Pascal geschriebenen Programm.
Die Bildinformationen werden als Videoclips auf Videoband gespeichert. Damit kann erreicht werden, daß hochwertige Bildinformationen (in TV-Qualität) in beliebiger Menge unabhängig vom Rechner gespeichert werden können. Das kurz beschriebene Konzept wurde an zwei Beispielen erprobt:
1. **ERGOFAKT** – ein Sachverhaltsspeicher zur Ergonomie
2. **PROKART** – eine Kartei für Vergleichsmusterdaten.

Hochschule für industrielle Formgestaltung Halle Burg Giebichenstein, Wissenschaftsbereich Designmethodik, Neuwerk 7, Halle, 4020; Tel. 850373 *Prof. Dr. Frick*

Schaltungsanalyse und EPROM-Programmierung

Das erste Programm dient zur statischen logischen Analyse rein digitaler Schaltungen unter SCP. Es sind Schaltungsanordnungen mit bis zu 50 digitalen Grundelementen (alle Arten von Gattern und Flip-Flops) interaktiv testbar. Dieses Programm wurde unmittelbar zum Entwurf eines Gate-Array-Schaltkreises U 5200 ausgelegt und genutzt. Nutzen: Zeiteinsparung beim Entwurf von digitalen Schaltungen, insbesondere bei sequentiellen Automaten.
Die zweite Lösung bietet die Möglichkeit, EPROM-Typen von U 2716 bis U 2764 unter dem Betriebssystem OS/M auf dem P8000 programmieren zu können. Als Hardware wird der 8-Bit-P8000 und der EPROM-Programmer des P8000 vorausgesetzt.

VEB Meßgerätewerk „Erich Weinert" Magdeburg, BfN, Straße der DSF 124, Magdeburg, 3010 *Dr. Engel*

Centronics-Schnittstelle am P8000

Oftmals ist die Anzahl der seriellen Schnittstellen am P8000 für den Anschluß von Terminals und anderen Geräten nicht ausreichend. Während einerseits eine serielle Schnittstelle durch einen Drucker belegt ist, wird andererseits in vielen Fällen die PIO-Schnittstelle, die für den EPROM-Programmer vorgesehen ist, nicht benötigt. Durch den Anschluß eines Druckers mit einer parallelen Schnittstelle über die PIO steht die serielle Druckerschnittstelle für andere Anwendungen zur Verfügung. Von diesen Überlegungen ausgehend wurde ein neuer Druckertreiber entwickelt, der es ermöglicht, Drucker mit Centronics-Interface unter dem Betriebssystem WEGA zu betreiben.

Zentrum für Forschung und Technologie, Kombinat VEB Elektro-Apparate-Werke Berlin-Treptow, Abt. WAE, Storkower Straße 101, Berlin, 1055; Tel. 4388509 *Gierth*

Pseudografiksoftware unter REDABAS

Das nachfolgend vorgestellte Programm ermöglicht es, mit Hilfe von REDABAS pseudografische Darstellungen auf dem Bildschirm bzw. auf dem Drucker erzeugen zu können.
Unser Programm läßt sich in vier Hauptabschnitte unterteilen
– Bereitstellen der Variablen und der Datenbankdatei
– Ausgabe der Koordinatenachsen, Beschriften, Legende
– Ausgabe der Säulengrafik auf dem Bildschirm
– Druckaufbereitung und Druck auf dem Nadeldrucker.
Durch die Nutzung pseudografischer Symbole ist eine höhere Genauigkeit der Bildauflösung und somit ein höherer Informationsgehalt als bei anderen Lösungsvorschlägen möglich. Zu Beginn der Bildschirmausgabe werden die Koordinatenachsen mit Beschriftung dargestellt. Die Legende für darzustellende Daten wird am rechten Bildschirmrand ausgegeben. Sie enthält in der derzeitigen Version folgende Angaben: den Kennbuchstaben der Säule, die Bezeichnung sowie den Wert.
Um die quasigrafischen Möglichkeiten des A 7100 nutzen zu können, werden verschiedene Zeichen im 2. Zeichensatz umdefiniert, so daß bei einer quasigrafischen Darstellung im Raster 24 × 80 ein entsprechendes Bild geschrieben wird.

Institut für Sozialistische Wirtschaftsführung, Forschungslabor, An der Schleuse 3/4, Woltersdorf, 1255 *Kasche/Standhardt*

Zugriff auf dBase-Dateien unter Turbo-Pascal 4.0

Die Interfaceprozeduren des Zugriffsmoduls db_LINK.TPU bilden eine satzorientierte Schnittstelle für die sequentielle oder wahlfreie Verarbeitung von Datenbankfiles, die mittels dBase II, III, III Plus oder REDABAS bzw. REDABAS-3 angelegt worden sind. Zusätzlich wird eine Unit db_SHELL.TPU angeboten, die den Funktionsumfang des Zugriffsmoduls auf ähnliche Routinen abbildet, wie sie für die Arbeit mit Textfiles bekannt sind. Diese Funktionen und Prozeduren können als Erweiterung von Pascal um einen Datenbankanschluß aufgefaßt werden.
Hier eine Auswahl neuer Sprachelemente: dbAssign, dbReset, dbRewrite, dbAppend, dbUpdate, dbSeek, dbSkip, dbLocateKey, dbLocateValue, dbGet, dbPut, dbRead, dbWrite, dbDelete, dbRecall.
Die Prozeduren dbGet und dbPut arbeiten mit einem vollständigen Datensatz. Die Konvertierung auswählbarer Felder in Variablen der Standard-Datentypen von Turbo-Pascal 4.0 erfolgt mit dbRead und dbWrite. Zur Demonstration der erreichten Datenunabhängigkeit wurde der dBase III Plus-Befehl LIST als Prozedur dbList bzw. dbStructure innerhalb der Shell simuliert. Ein Zugriff über Indexdateien ist nicht vorgesehen. Es können keine MEMO-Felder verarbeitet werden.
Die Units db_LINK.TPU und db_SHELL.TPU umfassen 27 bzw. 14 KByte. Ihre Verwendung ist an Turbo-Pascal 4.0 unter MS-DOS gebunden. Zur Nachnutzung werden der Quelltext der Shell, die beiden Units, acht Demonstrationsprogramme und eine Dokumentation angeboten.

Technische Universität „Otto von Guericke" Magdeburg, Sektion Informatik, WB MI, PF 124, Magdeburg, 3010 *Herbst*

Grafik-Softwarepaket

Das hier vorgestellte System stellt eine Erweiterung und Anpassung des Systems GRAFIX-7100 für den A 7150 dar. Es ermöglicht eine Auflösung von 640 × 480 Pixeln.
Die Software ist für Turbo-Pascal geschrieben und wird als Unit **GRAF7150** in ein Pascalprogramm eingebunden. Sie wurde für wissenschaflich-technische Anwendungen konzipiert und ermöglicht im wesentlichen folgende Grafikfunktionen, die als Prozeduren im Nutzerprogramm aufgerufen werden können:
– grafische Primitive des GKS
– Splitting, 8 Farben (bzw. Graustufen), 4 verschiedene Schreibtypen
– umfangreiche Windowtechniken
– Weltkoordinatensysteme und Darstellungsprozeduren für die Grafik-Primitive und für reellwertige Funktionen in diesen WK
– Speichern von Grafikbefehlen und Windows auf Disketten
– zusätzliche Vektorzeichensätze für Textdarstellung
– interaktive Arbeit mit *Locator* bzw. *Stroke*
– Hardcopy auf Nadeldrucker
– Ansteuern des Plotters K 6418.
Es existiert ein analoges Softwarepaket für den A 7100 (als Include-Filesystem) unter Turbo-Pascal 3.0. Damit ist es möglich (mit gewissen Einschränkungen hinsichtlich der speziellen Windowoperationen), Programme auf beiden Rechnern kompatibel zu entwickeln.
Zusätzlich wurde ein umfangreiches Demonstrations- und Lehrprogramm erarbeitet, das alle Grafikprozduren menügesteuert vorstellt und so die Einarbeitung in das Programm sehr erleichtert. dabei erscheint auf dem Bildschirm neben der erzeugten Grafik jeweils der zugehörige Programmquelltext mit Erläuterungen.

Zentralinstitut für Physik der Erde, Bereich I, Telegrafenberg, Potsdam, 1560; Tel. 310/234 *Köhler*

Echtzeitentwicklungssystem für Signalprozessoren

Das Signalprozessor-Entwicklungssystem dient zum Entwickeln und Testen von Soft- und Hardware für den TMS 32020. Die Steuersoftware ist in C geschrieben und daher verhältnismäßig einfach auf andere Rechner übertragbar. Der eigentliche Entwicklungsmodul besteht aus einer DKL im Doppeleuropaformat, die über ein serielles oder ein paralleles Interface mit dem Steuerrechner verbunden ist. Neben dem Signalprozessor sind alle für das Betreiben des Systems erforderlichen Komponenten, wie 8 K × 16 Bit Programmspeicher und 16 K × 16 Bit Daten-RAM, sowie Bustreiber für alle nach außen gehenden Signale vorhanden. Der Nutzer betreibt seine Hardware an dem SP-Systembus und kann auf alle SP-Ressourcen nahezu uneingeschränkt zurückgreifen. So stehen für die Anwenderhardware u. a. sämtliche Interrupts, alle Ports, der interne Timer, die beiden UART-Kanäle und alle SP-internen RAM-Speicher (außer drei für die Monitorfunktion reservierte interne Datenwörter) zur Verfügung. Von den externen Programm- und Daten-RAMs stehen dem Anwender 7 K bzw. 15 K Wörter zur Verfügung. Darüber hinaus kann eine Speichererweiterung über den Systembus vom Nutzer durchgeführt werden. Der SP wird mit 20 MHz getaktet, und alle externen RAM-Zugriffe erfolgen ohne

Wait. Über den SP-Systembus kann der Anwender eine I/O-Emulation realisieren. Das bedeutet, daß alles bis auf die externen Speicher im Zielsystem emuliert werden kann.
Die Bediensoftware ist modular aufgebaut und hat einen Umfang von zirka 100 KByte. Das in Windowtechnik gestaltete Steuerprogramm ermöglicht eine übersichtliche und effektive Arbeit mit dem Entwicklungsmodul.
Zur Nachnutzung werden eine durchkontaktierte Modul-Leiterplatte, eine Interfacekarte, die Systemdokumentation mit Schaltplan, Bedienungsanleitung und Hardwarebeschreibung sowie die Software für die vom Nutzer gewünschten Steuerrechner bereitgestellt.

Akademie der Wissenschaften, Institut für Automatisierung, Rudower Chaussee 5, Berlin, 1199, Tel. 6740

Dr. Rompe

Diskettenmanipulierung mit SETDISK

Zum umkomplizierten Einstellen des Diskettenformates wurde **SETDISK** für den A 7100/50 unter SCP 1700 entwickelt. Die Parameterübergabe kann über die Kommandozeile sowie im Dialog erfolgen. Für die verbreitetsten 80-Spur-DS-Formate ist eine automatische Formaterkennung möglich.
Das Programm wurde in Turbo-Pascal geschrieben und liegt in zwei Versionen vor: die Normalversion für alle 80-Spur-Laufwerkstypen und die Version für den Laufwerkstyp SA460. Bei letzterer wird zusätzlich zum Einstellen des Diskettenformates die Stepperfrequenz auf 3 ms eingestellt. Dadurch wird die Diskettenarbeit um etwa 10 % beschleunigt und die lauten Geräusche des Steppermotors beseitigt.

VEB Funkwerk Berlin, Abt. MO, Wendenschloßstraße 142, Berlin, 1170; Tel. 6533607

Pawlowicz

Programmpaket für die Elektronikbranche

Wir haben ein Programmpaket für die Elektronikbranche entwickelt, das die üblichen Routinearbeiten in einem Handwerksbetrieb wie Rechnungslegung, Materialverwaltung, Lohnrechnung, Finanzbuchhaltung, Notizblock und Recherche vollständig rationalisiert. Die Programme sind in Turbo-Pascal unter CP/M 3.0 geschrieben und laufen bei uns bereits ein Jahr auf einem Schneider-Joyce PCW 8256 sowie einem Commodore 128 D.
Außerdem haben wir uns intensiv mit Kompatibilitätsproblemen und Hardwareanpassungen zwischen den genannten Rechnertypen und der äquivalenten DDR-Technik beschäftigt, wofür einige Stichworte stehen:
– Hardware-Kopplung Schneider – Commodore (V.24) zum Datenaustausch 5¼"-Floppy-Anpassung an Schneider-Joyce (720 KByte) mit Extern-Netzteil und schnellerem Diskettenzugriff (30 %)
– RAM-Erweiterung auf 512 KByte
– Fremdformateinstellung (Lesen, Schreiben, Formatieren) aller bekannten Diskettenformate einschließlich Datentransfer auch für DDR-Technik
– Implementierung bekannter Firmware (CP/A) sowie nützlicher Dienstprogramme (z. B. POWER) auf Commodore/Schneider/Amstrad
– Datentransfer CP/M – MS-DOS auf Diskette
– DDR-Drucker-Anpassung an Schneider-Joyce.
Alle Leistungen können durch uns auf der Basis gültiger Preiskarteiblätter nach Anfrage ausgeführt werden.

Digitalelektronik – Kleincomputer-/Taschenrechnerservice, Straße der DSF 9a, Cottbus, 7513; Tel. 523075

Manig

Kopplung SD 1156 – AC 7100/50

In unserem Betrieb wurde eine Hard- und Softwarelösung zum Anschluß eines Seriendruckers SD 1156 an den AC 71xx über die IFSP-Schnittstelle geschaffen.
Die Hardwarelösung beinhaltet eine Pegelanpassung zwischen dem Computer und dem Drucker. An beiden Geräten sind keine technischen Änderungen vorzunehmen.
Softwaremäßig wurde folgendes realisiert:
– Gerätetreiber für DCP 1700 (Kanal LPTx)
– SCP 1700 im Betriebssystem integriert (steuerbar über das I/O-Byte)
– Vor- und Rückwärtsdruck
– Fehlerbehandlung
– Ausblenden von ESC-Steuerfolgen
– Druckertest analog GTP 4200.

VEB Papierfabrik Dreiwerden, Hauptstraße 5, Abteilung ORZ, Schönborn-Dreiwerden, 9256; Tel. 5121 HA 335

Schultes

Shell-Menü-Hilfe für P8000/WEGA

Für P8000/WEGA-Betreiber bieten wir eine komplexe *Shell-Menü-Hilfe* zur Nachnutzung an. Mit dem durchgängigen Menüsystem können auf einfache und bequeme Art fast alle ständig wiederkehrenden Arbeiten eines Superusers ausgeführt werden. Die Anwendung bietet dem Nutzer eine bequem handhabbare Benutzeroberfläche zum WEGA-Betriebssystem mit seinen vielfältigen und zahlreichen Werkzeugen an Grundsoftware. Es handelt sich um eine komplexe, integrierte Lösung, die zirka 150 Menüpunkte gestaffelt in 3 Ebenen zur Abarbeitung anbietet. Zusätzlich sind auch Lösungen wie Notizbuch, Adreßbuch, Terminkalender, Systemabrechnung, Virustest und anderes eingearbeitet.
Die Lösung liegt als C-Shell-Skript vor, und für eigene Erweiterungen/Ergänzungen sind die notwendigen Vorkehrungen getroffen. Zur einfachen und sicheren Übernahme wird ein entsprechendes Installationsprogramm mitgeliefert.

VEB Datenverarbeitungszentrum Cottbus, Bereich Absatz, Wilhelm-Pieck-Straße 5, Cottbus, 7500; Tel. 484209

Röder

DCP-Drucktreiber für SD 1152

Im Seehafen Rostock wurde ein Druckerdriver zum Anschluß eines Seriendruckers SD 1152 mit IFSS-Anschluß an einen A 7150 unter DCP Version 3.2 entwickelt und seit längerer Zeit erfolgreich genutzt.

VEB Seehafen Rostock, Abt. LE, Rostock – ÜSH, 2540; Tel. 3663124

Schmeling

Neue RELA-Versionen 3.0 und 4.0

Gegenüber der Vorgängerversion 1.4/T von RELA für den KC 85/3 (siehe MP 4/1989, Seite 122) ergeben sich für die **Version 3.0/T** folgende Veränderungen:
– Kaltstart/CAOS wird mit OPEN n (statt RELA n) erreicht.
– Bei Funktions- oder Feldvorwahl wird die Signalkennzeichnung erkannt.
– Bei den Kommandos ALOAD, ASAVE, SOND-SUCH entstehen keine Überlappungen der Fenster.
– Beim Kommando SOND-SUCH wird Dateinummer angezeigt. Anwenderprogramme und Dateien sind zu anderen Versionen kompatibel.
Die RELA-**Version 4.0** für den KC 85/4 hat annähernd den gleichen Leistungsumfang wie die Version 3.0. Sie ermöglicht störungsfreie Bildschirmzugriffe und hat einen verbesserten Zeichensatz. Dem Anwender stehen die Erweiterungen der 3. Tastaturebene zur Verfügung, und es werden die Treiberroutinen des erweiterten Betriebssystems genutzt. Als Standard sind die Drucker K 6313/20 oder Kompatible vorgesehen.

ELECTRONIC-SERVICE Helmut Ulbricht, Göttiner Landstraße 7, Brandenburg, 1800; Tel. 522076

Zierott

Kopplung von MC 80.3x und PC

Für die On-line-Kopplung des Rechners MC 80.3x mit Personalcomputern der Typen PC 1715, AC 7100, AC 7150, EC 1834 sowie IBM-Kompatiblen wurde eine prinzipielle Softwarelösung auf der Basis der jeweiligen seriellen Schnittstellen entwickelt. Verfügbar ist derzeit die Lösung für den A 7100 auf der Basis der IFSS-Schnittstelle der ASP K 8071 mit einer effektiven Übertragungsrate von 20 kByte/min. Im Master-Slave-Betrieb wird die Übertragung von beliebigen Speicherbereichen des MC 80 zum Diskettenlaufwerk des PCs und zurück in Form von Blöcken zu je 256 Byte im Polling-Betrieb durchgeführt. Für den MC 80 (Slave) wird ein entsprechendes Treiberprogramm bereitgestellt, das auf einen EPROM zu übertragen ist. Alle wesentlichen Manipulationen werden im Dialogbetrieb vom PC-Master aus organisiert. (Betriebsprogramm MCPC in Turbo-PASCAL V.3 für die jeweils zum Einsatz gelangenden PCs.)

Institut für Polymerenchemie der ADW der DDR, Abt. Elektronik/Rechentechnik, Kantstraße 55, Teltow, 1530; Tel. 46264

Dr. Fanter/Urban

Basic-Vokabeln über Tastatur verfügbar

Als kleine Unterstützung für den Basic-Programmierer auf dem KC 85/3 entstand eine kleine Maschinenroutine, die nach Anwahl des Befehls über die Tastatur die Vokabel an den Basic-Interpreter übergibt. Die Befehle sind mehrmals hintereinander verwendbar, weil sie auf F1 gespeichert werden. Die Dokumentation und die Befehlsliste werden bei Zusendung einer Kassette sowie von Rückporto kostenlos abgegeben.
Das Programm darf an Dritte weitergegeben werden, wenn die Urheberschaft nicht verändert oder verschleiert wird.

Uwe Stieber, Erich-Jungmann-Straße 8, Radebeul 1, 8122

MINICALC

Auf Grund des regen Interesses und der vielfältigen Nachfragen teilen wir mit, daß das in der MP 12/88, Seite 376, angebotene Tabellenkalkulationsprogramm **MINICALC** nicht nur auf dem KC 85/3, sondern auch auf den Rechnern KC 85/2, KC 85/4 und KC 87 lauffähig ist.

VEB Cottana Mühlhausen, ORZ, Johannisstraße 44, Mühlhausen, 5700

Ulbrich

Kopplung KC 85/3 – PC 1715

Zur weiteren Erhöhung der Effektivität des Programmpaketes *Hydraulik/Elektro* (siehe MP 4/1988, Seite 109) wurde eine Software zur Kopplung von KC 85/3 und PC 1715 im Kombinat Baukema entwickelt.
Damit ergeben sich folgende Vorteile bei der Nutzung des KC 85 als Grafikentwicklungssystem:
- Nutzung des Massenspeicher- und Datenverwaltungssystems des PCs
- Reduzierung der zeitaufwändigen Speichervorgänge von Programmen und Daten des KCs
- Erhöhung der Datensicherheit bei Datentransfer
- Nutzung der bekannten Dienstprogramme auch für KC-Files
- Reduzierung des Zeitaufwandes bei Datenübertragung um 50 %
- Veränderungen bzw. Erweiterungen der Rechner-Hardware sind nicht erforderlich; es werden die geräteeigenen V.24-Schnittstellen genutzt.

VEB Kombinat Baukema, Abt. TVRK, Gerhard-Ellrodt-Straße 21, Leipzig, 7034, Tel. 7925278 oder 314

Walter/Lehmann

Neues OS für COMP JU+TE R

Von uns wurde ein Betriebssystem für den in der Zeitschrift Jugend und Technik vorgestellten Computer entwickelt. Das Programm ist nur 2 KByte lang und bietet folgende Möglichkeiten:
– Bildschirm: 128 × 128 Punkte, 16 × 16 Zeichen
– Bildschirmeditor (damit Korrektur eingegebener Zeilen möglich)
– Maschinensprachmonitor (Hexlisten, -schreiben usw.)
– Kassettenaufzeichnung (auch von Maschinenprogrammen) mit Fehlerkontrolle
– Ansteuerung beliebiger Drucker vorgesehen
– echte Shift-Taste.

Computerclub der SPS „Heinrich Hertz", Frankfurter Allee 14a, Berlin, 1035

Lüdtke

Computerwissen für alle

von E. Schiller, VEB Fachbuchverlag Leipzig, 1988, 232 Seiten, 111 Illustrationen, DDR 12,– M

In interessanter und beeindruckender Weise wird in diesem Buch, das eine Zwischenstellung zwischen einem Fachbuch und einem populärwissenschaftlichen Buch einnimmt, die gesamte Breite der Informatik von der Logik und den mikroelektronischen Grundlagen über die Programmiersprachen und Betriebssysteme bis hin zur Anwendung der Computer in allen gesellschaftlichen Sphären dargestellt.

Es ist so geschrieben, daß es für jeden Leser verständlich sein dürfte, jedoch auf Grund der Breite auch für viele Spezialisten noch Wissenswertes enthält. Die Verständlichkeit des dargelegten Fachwissens wird sehr wirkungsvoll durch die hervorragenden Illustrationen von Wolfgang Parschau unterstützt.

Natürlich sind bei der Breite des Buches kleinere Unexaktheiten nicht ausgeschlossen, auf die hier auch nicht näher eingegangen werden sollte. Bei der Lektüre ist mir aber ein prinzipieller Mangel aufgefallen, der in einer undialektischen Betrachtungsweise historisch bedingter Entwicklungen in der Computertechnik und Informatik besteht. Es ist richtig, daß in der Anatomie „digit" Finger heißt, aber in der Mathematik bedeutete „digit" schon immer Ziffer. Ein Digitalrechner ist damit ein Ziffernrechner, im Gegensatz zum Analogrechner (S. 14).

Eine Folge von 8 Bit nennt man nicht „bei den meisten Computern" Byte, sondern **ist** seit Ende der sechziger Jahre **das Byte** (S. 17).

Es ist auch nicht richtig, das Konzept des Harvard-Rechners Mark 1 von Howard Aiken aus dem Jahre 1944 als Alternative zum Von-Neumann-Prinzip wieder aufleben zu lassen. Auch wenn bei modernen Ein-Chip-Mikrorechnern (wie auch manchen Kleinrechnern) eine Trennung von Daten- und Befehlsadreßraum aus unterschiedlichen Gründen vorgenommen wurde, darf man dieses Prinzip nicht mechanisch auf eine Stufe mit dem getrennten Daten- und Programmspeicher des Harvard-Rechners stellen (S. 27). Man kann auch nicht einverstanden sein, daß als Ausgangspunkt der Kleinrechnerentwicklung der Einsatz in kleineren Betrieben stand. Der Ausgangspunkt war, daß Anfang der sechziger Jahre ein realer Bedarf an Rechnern für Aufgaben der Produktionsautomatisierung, also interaktiv einsetzbarer Rechner bestand. Dafür aber waren die Großrechner nicht geeignet, die für den zentralen Einsatz in Rechenzentren projektiert waren. Für die Kleinrechnerentwicklung war in erster Linie das neue Einsatzgebiet von ausschlaggebender Bedeutung. Somit wurde die Kleinrechentechnik auch der Wegbereiter der Mikrorechentechnik (S. 45 ff).

Dennoch war für mich diese Lektüre sehr interessant, so daß ich das Buch jedem interessierten Leser nur empfehlen kann. *Prof. Dr. Th. Horn*

Zeitschriftenumschau

E. M. Projdakov:
Datengesteuerter Disassembler
Mikroprocessornyje sredstra i sistemy 5 (1988) 5

Die meisten in der Literatur veröffentlichten Arbeiten zur Disassemblierung befassen sich mit dem trivialen Problem des inkrementellen Disassemblers. Dieser Artikel geht darüber hinaus.

Eingangs wird die Notwendigkeit von Disassemblern oder Reassemblern insbesondere für Ziele der Adaption begründet. Es werden Ein- und Mehrpaßdisassembler unterschieden und deren potentielle Übersetzungsmöglichkeiten angegeben.

Als Grundaufgabe der Disassemblierung wird die Trennung von Befehlskode- und Datenbereichen angesehen. Dabei wird erkannt, daß diese Aufgabe nichttrivialer Natur ist. Als Nebeneffekt der Disassemblierung fällt das Erkennen unbenutzter Programmzweige an. Auf grundsätzliche Schwierigkeiten bei der Disassemblierung, die durch Befehlskodemanipulation entstehen, wird nur kurz eingegangen. Bis hierhin geht der Artikel nicht wesentlich über die sehr wenigen bekannten Arbeiten hinaus.

Sein wesentlicher Beitrag besteht in Überlegungen zur rechnergestützten Generierung von Disassemblern für eine ganze Klasse von Mikroprozessoren. Dabei wird ein universelles Grundprogramm benutzt, dessen Ausführung von einer Tabelle gesteuert wird. Diese Tabelle enthält alle Informationen über den Befehlssatz, insbesondere zum Befehlsformat in Form von Schablonen. Der Disassembler enthält noch einige Editorroutinen, die das Beschreiben der Steuertabelle erleichtern. Die Generierung eines Disassemblers für den Befehlssatz von 280 erfordert nur einige Stunden Arbeitszeit. Der Disassembler ist in einer höheren Programmiersprache geschrieben und läuft unter den Betriebssystemen CP/M 80, ISIS-11, Mikro-DOS, BOS 1810, MS-DOS, CP/M86 und den ihnen kompatiblen.

A. N. Archangelskij, A. A. Orechov:
Multiprogrammierung in der Sprache C
Mikroprocessornyje sredstra i sistemy 5 (1988) 3 S. 41–42

Gegenwärtig gibt es die Tendenz, Mittel zur Multiprogrammierung nicht in die Programmiersprache selbst einzubinden (Modula-2), sondern einen Exekutionskern in Form einer Bibliothek von Systemprogrammen zu schaffen. Die Autoren beschreiben einen von ihnen entwickelten Realzeitexekutionskern, der für die Anwendung in Prozeßrechnern gedacht ist, die dem Befehlssatz nach mit der Elektronika 60 kompatibel sind. Der Exekutionskern ist für die Arbeit im Programmiersystem DECUS C bestimmt; er ermöglicht es, Parallelprozesse in der Sprache C zu programmieren. Insbesondere ist er geeignet für Systeme mit einer großen Anzahl von zyklischen Prozessen und kurzen aktiven Zeitabschnitten. Das Hauptobjekt, mit dem der Exekutionskern operiert, ist die Task. Für jede Task wird ein Taskdeskriptor erzeugt, der den Kontext der Task enthält. Zur Wechselwirkung und Synchronisation der Prozesse werden Signale benutzt analog den Signalen, wie sie von Modula-2 bekannt sind. Im C-Quelltext wird jede Task als Funktion vom Typ „Prozeß" mit einer beliebigen Anzahl von Argumenten beschrieben. Das erste Argument jeder Task muß vom Typ Deskriptor sein. Während der Programmabarbeitung können mehrere unabhängige Aktivierungen einer Task generiert werden, im allgemeinen mit verschiedenen Prioritäten und Argumenten. Dabei ist zu beachten, daß die globalen Variablen und die lokalen statischen Variablen gemeinsam für alle Aktivierungen einer Task sind.

Der Exekutionskern ist in Makroassembler geschrieben und wird an das compilierte C-Programm angebunden. Im gebundenen Programm ist der Umfang des Kerns geringer als 250 Worte. Der Artikel enthält eine verbale Beschreibung der Funktionen des Exekutionskerns und der benutzten Systemprogramme.

Weiterhin wird ein kurzes Programmbeispiel zur Anwendung angeführt und eine Liste von Bedingungen für die C-Programme, die den Exekutionskern benutzen.

V. A. Serebrjakov:
Attributierte Translation logischer Ausdrücke
Programmirovanije 14 (1988) 1 S. 7–11

In dem Artikel werden Fragen der Compilation von logischen Ausdrücken der Sprache Modula-2 auf der Basis attributierter Grammatiken betrachtet. Attributierte Grammatiken sind ein modernes, effektives Spezifikationsmittel zur Beschreibung von Übersetzungen. Da sie eine syntaxorientierte Beschreibung der Semantik darstellen, kombinieren sie in vorteilhafter Weise Anschaulichkeit der Beschreibung mit strengem Formalismus, der die Grundlage für eine automatische Generierung des Übersetzers ist. Auf dem Gebiet der Compiler-Compiler haben in den letzten Jahren die attributierten Grammatiken eine führende Stellung eingenommen. Aber auch für den datenstrukturorientierten Softwareentwurf finden die attributierten Grammatiken als Basisformalismus zunehmend Beachtung. Der Autor beschreibt die konkreten Besonderheiten der Kodegenerierung für logische Ausdrücke auf der Basis des Compiler-Compilers *Super* für den Minirechner SM 4. Aus der Definition von Modula-2 folgt die Realisierung der logischen Ausdrücke durch eine äquivalente Steuerflußstruktur auf der Basis von Test- und Verzweigungsbefehlen. So werden die Verzweigungsbefehle „beg" und „bne" zur Realisierung von Konjunktion und Disjunktion benutzt. Dabei ist keine eindeutige Zuordnung vorhanden, das heißt, ob „beg" z.B. für eine Konjunktion oder Disjunktion benutzt wird, hängt von der Stellung des Befehls zu anderen Befehlen ab. Die Information darüber kann durch Attribute übermittelt werden. Die Kodegenerierung erfolgt von einem Zwischenkode „Leader" aus, der ein attributierter Syntaxbaum ist.

Der Kodegenerator wird durch eine attributierte Grammatik beschrieben, die Eingangssprache für den Compiler-Compiler „Super" ist. Diese Grammatik muß L-attributiert sein, das heißt die Berechnung aller Attributwerte bei einer einmaligen Traversierung des Baumes von oben nach unten und von links nach rechts gewährleisten.

In dem Artikel sind die Details der entworfenen attributierten Grammatik beschrieben: Auswahl der Verzweigungsbefehle, Bestimmung der Marken, Generierung der Sprungbefehle. Für ein Beispiel eines komplizierten logischen Ausdruckes ist der attributierte Syntaxbaum angegeben.

Zusammengestellt von Dr. B. Stiefel

Lehrmaterial für 16-Bit-Arbeitsplatzcomputer

Aufbauend auf unserem Schulungsmaterial zum PC-Grundkurs (siehe MP 1 (1987) 5, S. 153) wurde vom CAD/CAM-Zentrum unserer Einrichtung ein vierteiliges Lehrmaterial für die Benutzung der 16-Bit-Gerätetechnik der DDR (A 7100, A 7150, EC 1834, P 8000) erarbeitet. Folgende Teile liegen bisher als Diskettendatei mit einem Umfang von je 15 Seiten zur Nachnutzung vor:

Teil 1 Der Übergang vom SCP zum DCP
Teil 2 DCP-Optionen und Befehle
Teil 3 Das Betriebssystem SCP für A 7100
Teil 4 Das Betriebssystem WEGA für P 8000.

Senden Sie bitte Ihre Nachnutzungswünsche mit einer 5,25-Zoll-Diskette an folgende Kontaktadresse oder rufen Sie uns an (Tel. 592365).

Technische Universität Magdeburg, CAD/CAM-Zentrum, Postfach 124, Magdeburg, 3010 *Dr. Springer*

VT Literatur

Taschenbuch Elektrotechnik

Band 3: Bauelemente und Bausteine der Informationstechnik

Herausgegeben von Prof. Dr. sc. techn. Dr. techn. h. c. Eugen Philippow. 3., stark bearbeitete Auflage. Zwei Teile. 1192 Seiten, 1525 Bilder, 400 Tafeln, Kunstleder, im Schuber, Teile I/II 44,– M, Ausland 64,– DM. Bestellangaben: 5537135/Tb. Elektro 3

Die Auflage wurde völlig überarbeitet und auf den neuesten Stand gebracht.

'89er Messe-Leitthema: *Flexible Automatisierung*

Die Integration von mikroelektronischen Baugruppen und Geräten in Anlagen des Werkzeug- und Verarbeitungsmaschinenbaus gilt weltweit als Erfolgsrezept für höhere Produktivität und Erzeugnisqualität. Sie ist die Voraussetzung für den Übergang von der Einzelmaschine zu flexiblen automatisierten Maschinensystemen. Das Leitthema der beiden Leipziger Messen 1989 *Flexible Automatisierung* stellt sich das Ziel, diese enge Verflechtung von Mikroelektronik und Maschinenbau im Exponateprogramm der in- und ausländischen Aussteller wie auch in wissenschaftlich-technischen Veranstaltungen darzustellen und zukunftsorientierte Lösungen aufzuzeigen. Vor allem in der metallverarbeitenden Industrie, aber auch in anderen Bereichen, ist die flexible Produktionsautomatisierung das derzeitig progressivste Fertigungskonzept. Mit diesem Leitthema setzt die Leipziger Messe den seit Jahren erfolgreich praktizierten Weg fort, international aktuelle ökonomische Entwicklungen in den Mittelpunkt des Messegeschehens zu rücken. Die große Nachfrage nach Ausstellungsfläche aus dem Ausland, insbesondere für den Branchenkomplex Werkzeugmaschinen und Werkzeuge, sowie die zahlreichen Anmeldungen für Fachvorträge zum Leitthema waren bei der Frühjahrsmesse Ausdruck für das rege Interesse an dieser Thematik. Der Einfluß der Informationstechnik auf die Produktion zeigte sich natürlich nicht nur in der Verflechtung mit dem Maschinenbau – demonstriert beispielsweise in Halle 20 –, sondern in praktisch allen Fertigungsbereichen.
Wir haben uns im ersten Teil unseres Berichtes von der LFM vor allem auf das Gebiet des rechnergestützten Entwurfs konzentriert, wobei es nicht mehr zweckmäßig erschien, hierbei eine strikte Trennung in Hardware und Software vorzunehmen. Daran anschließend widmen wir uns der Computertechnik, die als nicht CAD/CAM-spezifisch einzuordnen ist, beispielsweise Personalcomputer.
In der Fortsetzung des Messeberichtes in MP 8/89 werden wir Sie über periphere Hardware, Bauelemente sowie weitere Softwareangebote informieren.

CAD/CAM/CAP

Das Spitzenerzeugnis des Kombinates Automatisierungsanlagenbau für die flexible Automatisierung war der Industriecomputer **ICA 700** (Industrie-Computer-Automatisierung). Erstmals wurde die Terminalvariante des ICA 700 als Leitrechner für eine Zelle eines flexiblen Fertigungssystems für Dreh- und Gehäuseteile mit Hochregallager und mit Bestükkungsroboter vorgestellt (siehe Bild rechts). Das Einsatzspektrum dieser Industriecomputerfamilie reicht von der Programmierung unter DCP über den Einsatz für die Meßwerterfassung und -bearbeitung, für das Steuern und Überwachen von Aggregaten, Teilanlagen und Fertigungsstraßen sowie für die Laborautomatisierung bis hin zu Inbetriebnahme und Service von Automatisierungsgeräten und -anlagen. Erreicht wird diese Universalität durch ein Zweirechnerkonzept (PC und Echtzeitrechner) und eine modulare Baugruppenstruktur des Echtzeitcomputerteils sowie durch eine Gerätefamilie. Diese Gerätefamilie besteht aus der modularen, durch den Anwender konfigurierbaren Variante ICA 710.10, der Schrankvariante ICA 710.20 (im Bild im Hintergrund) sowie der Terminalvariante ICA 710.30 (im Bild im Vordergrund). Die Geräte der ICA 710-Reihe verwenden den 8086-kompatiblen Prozessor K 1810 WM86, und ihr PC-Teil ist kompatibel zum PC/XT. Der PC-Teil der künftigen Gerätereihe ICA 720 dagegen wird PC/AT-kompatibel sein und um die mobile Variante ICA 720.40 ergänzt werden.
Am Beispiel des ICA 710.20 sollen nachfolgend einige Hauptmerkmale erwähnt werden: Der vorrangig für den Einsatz unter rauhen Bedingungen konzipierte Industriecomputer in Schrankausführung besteht aus einem Hauptrechner (PC-Teil) und einer Prozeßkoppeleinheit (Echtzeitcomputersystem). Beide Rechnerteile sind über ein internes ICA-Interface gekoppelt. Der PC-Teil enthält eine Harddisk mit 20 bis 40 MByte, zwei Floppylaufwerke mit je 720 KByte, 256 KByte RAM (auf 640 KByte erweiterbar), 32 KByte ROM und den mit 4,915 MHz getakteten K 1810 WM86 (optional K 1810 WM87). Als Betriebssystem dienen DCP oder das UNIX-kompatible MUTOS. Der Echtzeitcomputerteil besitzt einen Systembus und einen Residentbus. Der multimasterfähige Systembus ist kompatibel zum Multibus, zum AMS-Bus sowie zum Systembus des MMS 16 (maximal 16 Master). Der Residentbus ist bis auf die fehlende Multimasterfähigkeit mit dem Systembus identisch; alle Operationen laufen dadurch konfliktfrei und mit maximaler Geschwindigkeit ab. Der Echtzeitcomputerteil enthält eine Zentralbaugruppe mit K 1810 WM86 und K 1810 WM87, neben DRAMs und EPROMs einen batteriegestützten SRAM, weiterhin die Schnittstellen: IFSS, IFSP, Centronics, V.24, IFLS und optional das ethernet-kompatible ROLANET 1. Für die Prozeßeingabe und -ausgabe stehen sechs verschiedene digitale und zwei verschiedene analoge Baugruppen zur Verfügung; maximal 22 PEA-Baugruppen sind möglich. Als Betriebssysteme können BOS K 1810 und das EMOS 2 genutzt werden.

Minispot ist eine Variante des Prozeßrechnersystems SPOT 83 aus den rumänischen ICE-Felix-Werken. Das System zeichnet sich durch seine Variabilität sowohl bezüglich der CPU – die einen Single Board Computer darstellt – als auch der prozeßspezifischen Module aus. Während die Version CP 04 beispielsweise den 8-Bit-Prozessor 8080 und die Version CP 05 den 8-Bit-Prozessor Z 80 enthält, wurde in Leipzig die Variante CP 06 mit dem 16-Bit-Prozessor 8086 vorgestellt (Bild 1, alle Farbbilder auf den Umschlagseiten 2 bis 4). Das Board enthält außerdem bis zu 128 KByte RAM und 32, 64 oder 128 KByte ROM. Als Schnittstellen können 4 × RS 232C oder optional die 20-mA-Stromschleife genutzt werden. Somit ist es möglich, den Rechner Minispot als Stand-alone-System, als Local-System oder als Remote-System einzusetzen; zum Beispiel in Verbindung mit den rumänischen Minirechnern CORAL oder Independent I 102F/I 106, welche PDP-11-kompatible Software nutzen.

Die bulgarische Exposition stand in diesem Jahr weniger im Zeichen der Hardware als – dem Motto der Messe entsprechend – vielmehr im Zeichen der Produktionsorganisation. So waren zwar Bauelemente und Speichertechnik zu sehen, vor allem aber Vernetzungsmöglichkeiten der Computer sowie CAD/CAM-Softwarelösungen. Beispielsweise ein Programmsystem zur konstruktiven und technologischen Vorbereitung der Produktion am Terminal EC 8531.M2 und ein programmtechnischer Komplex zur Automatisierung diskreter und diskontinuierlicher Prozesse mit Namen PROCON.

Eine Voraussetzung für die effektive Automatisierung des Produktionsprozesses ist die schnelle, zuverlässige und kostengünstige Entwicklung von elektronischen Steuerungen. Dabei wird in den nächsten Jahren der Anteil von anwenderspezifischen Schaltkreisen (ASICs), die ganze Leiterplatten ersetzen können, sprunghaft ansteigen. Hierfür müssen leistungsfähige Entwurfssysteme zur Verfügung gestellt werden. Damit sind CAD-Systeme die Voraussetzung für die Entwicklung wieder neuer CAD/CAM-Systeme.
Ein Hauptvertreter unter den ASICs ist der Gate-Array-Schaltkreis. Für den Entwurf des Gate-Array-Systems U 5200/5300 bot der VEB Forschungszentrum Mikroelektronik Dresden das Programmsystem **ARCHIMEDES** an (Bild 2). Ein effektiver Schaltungsentwurf mit kurzen Entwicklungszeiten und bei einer hohen Entwurfssicherheit ist damit im Dialog und in durchgängiger Systemnutzung möglich. Ständige Statusinformationen über den gegenwärtigen Bearbeitungsstand und Hilfestellungen sowie eine Vielzahl auf richtige Reihenfolge kontrollierter Prüfschritte gehören ebenfalls zu diesem CAD-System.
Die Eingabe von Textzeilen in einer speziellen Netzbeschreibungssprache ist die Voraussetzung für alle weiteren Schritte, vom Auflösen des Textes und dem Erzeugen eines Netzwerkcodes über die statische Logiksimulation, die Plazierung, die Grobtrassierung, die dynamische Logiksimulation bis hin zur automatischen Testsatzgenerierung.
In einer integrierten Macro-Bibliothek

sind bereits fertig entwickelte Schaltungsgrundelemente (physische Macros) und ihre logischen, elektrischen, dynamischen und topologischen Beschreibungen enthalten und dokumentiert. Darüber hinaus werden komplexe Schaltungen, die aus den Schaltungselementen zusammengesetzt sind, wie Zähler, Schreibregister oder arithmetische Einheiten, als sogenannte Software-Macros angeboten, wobei die Plazierung der einzelnen Gatter jedoch erst im Rahmen der Plazierung des gesamten Schaltkreises erfolgt. ARCHIMEDES ist auf 32-Bit-Rechentechnik (z. B. K 1840) lauffähig.

Als neues interaktives grafisches Terminal für die Reihe der 32-Bit-Rechner des Kombinates Robotron war das **IGT K 8919.11** ausgestellt (Bild 3). Es beinhaltet einen Grafikprozessor, der einen Bildspeicher mit 8 Speicherebenen zu je 1280 × 1024 Bit (≙ Bildpunkten) verwaltet. Für die Kopplung an einen Hostrechner (hier K 1840) stehen ein serielles Interface (IFSS/V.24) und ein DMA-fähiges Parallelinterface zur Verfügung. Die Rate für die serielle Datenübertragung kann zwischen 50 und 19200 Baud gewählt werden. Das Terminal besitzt für die Bildschirmdarstellung vier Farbsysteme, die bis zu 16 Mio Farben darstellen können, sowie die Möglichkeit der Umwandlung der Farbwerte in 256 Graustufen.

Auf dem K 8919.11 wurden mehrere Programmsysteme vorgeführt, unter anderem das System UMSCHA und der Grafikeditor TEXgraf.

Das Programmsystem **UMSCHA** wurde von der Technischen Universität Dresden entwickelt, um Spannungen und Verzerrungen ermitteln zu können, wie sie beim Umformen doppelt gekrümmter Flächen beispielsweise im Automobilbau, im Schiffbau sowie in der Schuh- und Bekleidungsindustrie auftreten. Es dient auch als Hilfsmittel in der Geologie (Bild 3). Der Kraftaufwand und der Arbeitsbedarf der Umformvorgänge beliebigen Grades soll sowohl für das elastische als auch für das starrplastische und das elastisch-plastische Materialverhalten ermittelt werden können. In dialogorientierter Berechnung werden in kurzer Zeit Umformvorgänge einschließlich der Berücksichtigung der Wanddickenänderung und der elastischen Rückverformung ermittelt, geometrisch aufbereitet und die Ergebnisse grafisch dargestellt. Die Hardwarevoraussetzungen für das in Fortran programmierte System UMSCHA sind K 1840/IGT-2 (K 8919) und das Betriebssystem SVP 1800.

Der grafische Schaltungseditor **TEXgraf** vom VEB Textimaelektronik ist als Bestandteil von Gate-Array-Entwurfssystemen ein wichtiges Hilfsmittel für den Entwicklungsingenieur. Gerade im Zeitalter der anwendungsspezifischen Schaltkreise kommt insbesondere komfortablen CAD-Systemen eine immer größere Bedeutung zu. TEXgraf wird dem durch eine einfache Bedienung und damit schnelle Erlernbarkeit gerecht. Eine hierarchische Menüführung mit vielen Automatikfunktionen in Fenstertechnik (siehe Bild 4) sowie wechselseitige Konvertierung zur alphanumerischen Beschreibungssprache NBS84 bieten gute Voraussetzungen, Schaltpläne zu erfassen, zu ändern und sowohl auf den Bildschirm als auch auf Plotter auszugeben. Die Schaltungseditierung kann dabei wahlweise grafisch oder alphanumerisch erfolgen, Plazieren und Trassierung können durch den Ingenieur selbst oder durch den Editor automatisch vorgenommen werden.

Eine Auflösung von 1280 × 1024 Bildpunkten gewährleistet eine gute Erkennbarkeit der Schaltungselemente und Symbole. Neben der enthaltenen, umfangreichen Symbolbibliothek bietet TEXgraf die Möglichkeit des Entwurfs eigener Symbole. Schaltungsprüfung und Darstellen der Simulationsergebnisse gehören ebenso zu den angebotenen Funktionen wie das Erzeugen und Modifizieren von Texten, grafischen Elementen und Farben. Im Rahmen von Gate-Array-Entwurfssystemen wie ARCHIMEDES werden die Vorzüge dieses grafischen Editors sicher schnell deutlich. Auf einem K 1840 bzw. einem dazu kompatiblen Rechner kann TEXgraf in Verbindung mit dem Terminal K 8919.11 genutzt werden.

Mit dem Übergang zur Serienproduktion des EC 1834 rückt das computerunterstützte Entwickeln immer mehr in die Nähe des Konstruktionsarbeitsplatzes. Der VEB Kombinat Robotron bietet mit **MultiCAD** ein für das Betriebssystem DCP entwickeltes, leistungsfähiges Paket an.

Aus den grafischen Elementen Punkt, Linie, Kreis, Kreisbogen, Band, Fläche, Text und Symbol werden die Zeichnungen zusammengestellt und können unter anderem in der Lage, der Form und der Anzahl verändert werden. Sowohl über das Grafiktablett als auch von der Tastatur können menügesteuert die Zeichnungen im Dialog eingegeben und editiert werden. Für die dreidimensionale Darstellung enthält MultiCAD Raumlinien und Raumflächen, die entstandenen Drahtmodelle werden in Parallelperspektive dargestellt und können aus verschiedenen Richtungen betrachtet werden.

In MultiCAD wurde eine Lisp-Version integriert, die einerseits zwar nur einen Teil des Sprachumfanges von Lisp enthält, andererseits aber um Grafikfunktionen erweitert wurde. Lisp gestattet es, nutzerdefinierte Kommandos zu erzeugen und wie systemeigene anzuwenden. Die Zeichnungen können zur Weiterverarbeitung in anderen Systemen in das Datenformat IGES bzw. in eine Textdatei konvertiert werden.

Als eine optimale Gerätekonfiguration für MultiCAD könnte beispielsweise gelten: EC 1834 (640 KByte RAM, 2 Floppy-Disk-Laufwerke, 1 Festplatte sowie 1 Arithmetikprozessor), alphanumerischer Monitor, grafischer Monitor K 7234 (color) oder K 7229.25 (monochrom), grafisches Tablett K 6405 und Plotter K 6416.

Ein überschaubares Menü sowie ein Tablett mit Stift und Lupe sollen die Arbeit mit **PCCAD**, einem leistungsfähigen, zweidimensionalen CAD-System des VEB Leitzentrum für Anwendungsforschung (LfA) Berlin für 16-Bit-PCs, nutzerfreundlich unterstützen.

Nach kurzer Einarbeitung beherrschbare, unterstützende mathematisch-geometrische Funktionen sollen ein professionelles Arbeiten gewährleisten. Die geometrischen Grundsymbole, wie beispielsweise Punkt, Strecke, Kreisbogen und Textzeile, können durch weitere anwenderspezifische Symbole ergänzt werden und können gespeichert werden; das Verbinden von Punkten, das Zeichnen von Tangenten, Winkelhalbierenden gehören zu den konstruktiven Grundfunktionen und werden exakt ausgeführt und gezeichnet.

Branchenorientierte Module für den Maschinenbau, die Elektrotechnik und Elektronik, die Architektur und die Geodäsie werden zum Grundmodul angeboten und bieten zusammen mit dem 16-Bit-PC EC 1834 und einem Colorgrafikbildschirm, einem Digitalisiertablett sowie einem Plotter und dem Betriebssystem DCP 3.2 effektive Konstruktionsmöglichkeiten.

Die Strukturierung einer Zeichnung ist in maximal 128 Ebenen für die Gliederung, die Bemaßung, das Schraffieren oder Ausfüllen einer Fläche möglich.

Das Forschungszentrum des Werkzeugmaschinenbaus und die Akademie der Wissenschaften der DDR stellten mit **CAD/CAM-NILES** ein durchgängiges rechnergestütztes System vor, das neben der Konstruktion auch die Erarbeitung der Technologie bis hin zur Programmierung numerisch gesteuerter Werkzeugmaschinen für die Produktion gebogener Teile aus Stahlblech ermöglicht. Eine höhere Flexibilität und eine deutliche Reduzierung des Teiledurchlaufs bei einer gleichzeitigen Steigerung der Produktivität der NC-Programmierung und der Produktion sind die wesentlichen Leistungsmerkmale. Die einzelnen Blechteile können als dreidimensionale Modelle erfaßt, dargestellt und zusammengestellt werden. Die visuelle Kontrolle unter den Einbaubedingungen (als 3D-Modell) und die Ableitung von Teilansichten aus dem 3D-Modell erleichtern die Arbeit.

CAD/CAM-NILES ermöglicht die Kontrolle, das Umwandeln und die Übernahme der Geometrie in das Programmsystem zur technologischen Vorbereitung. Die Geometrie aus dem CAD-System bildet die Grundlage für die NC-Programmierung der Einzelteile bis hin zu automatisierten Abläufen der Werkzeugauswahl und der Optimierung der Verarbeitungstechnologie.

Für den Leiterplattenentwurf mit dem EC 1834 zeigte das ZFTN des Kombinates Nachrichtenelektronik (Vertrieb: LfA) das System **PCLES** (Bild 5). Es ermöglicht das grafische Erfassen des Stromlaufplanes mit logischen oder Bauteil-Symbolen und das Erzeugen von Symbol- und Bauteillisten, von Transferdateien für den Übergang zum Layoutentwurf sowie von Testplots des Stromlaufplanes. Weiterhin sind die grafische Konstruktion des Leiterplattenumrisses, die Bauelementeplazierung, manuelles und automatisches Trassieren in bis zu 16 Lagen (maximal 1900 Trassen) und die Ausgabe von Steuerdaten für das Lichtzeichnen sowie für Bohrmaschine und Plotter möglich. Die maximale Leiterplattengröße beträgt 65 × 65 cm^2 (bei Raster 1/40"). Die maximal 511 Bauelemente können bis zu je 256 Pins besitzen. Durch die Kopplung mit einem K 1840 kann aus dem einheitlichen Bauelementekatalog des Kombinates die jeweils benötigte Teilmenge auf die Festplatte des PCs geladen werden.

Eine Grafik-Workstation für CAE- und CAD-Anwendungen auf der Basis des XT-kompatiblen EC 1841 bot die Akademie der Wissenschaften der Belorussischen SSR an. Herzstück ist der Grafikprozessor **MICROGRAPH GP/10** oder **GP/20**, an den der PC, ein Digitalisiertablett, ein Plotter, ein Tintenstrahldrucker und ein 19-Zoll-Grafikmonitor angeschlossen sind. Der GP/10 ermöglicht eine darstellbare Auflösung von 768 × 512 Punkten (adressierbar sind 1024 × 512 Punkte), 256 Farben aus einer Palette von 4096. Er arbeitet mit einem 8086-Prozessor und einem 8087-Koprozessor sowie 512 KByte RAM. Als Schnittstelle stehen ein schnelles Parallelinterface zu IBM-PCs, drei RS 232C-Schnittstellen und ein Centronics-Interface zur Verfügung. Der GP/20 besitzt zusätzlich einen Grafikcontroller in Bit-slice-Technik.

Die Farbgrafik-Workstation **Starstation** für CAD-, CAM- und CAE-Anwendungen (Bild 6) war im Angebot der Datagraph GmbH (BRD). Die Starstation besitzt eine 80286-CPU (12,5 MHz) mit Koprozessor 80287 (10 MHz) und 1 MByte RAM, ein Winchesterlaufwerk mit 42 MByte sowie eine 5,25-Zoll-Floppy mit 1,2 MByte. Die 1024 × 768 Bildpunkte können in 16 Farben (aus einer Palette von 4096) dargestellt werden. Der Bildspeicher umfaßt 4 Bildebenen und 640 KByte RAM. Optional können der Hauptspeicher auf 16 MByte erweitert, eine CPU 80386 (16 MHz) eingesetzt und eine 68-MByte-Winchesterdisk sowie ein Streamer angeschlossen werden. Der Bildspeicher ist auf 8 Ebenen und 1280 KByte erweiterbar; die Farbpalette kann auf 16,7 Mio Farben erhöht werden.

Mit der Starstation können Softwarepakete für den Anlagenbau, den Modell- und Formenbau, den Rohrleitungsbau, die mechanische Konstruktion und Fertigung, für die Elektrokonstruktion und die Konstruktion und Fertigung in der Elektronik und für Kinematik-Analyse sowie ein Datenbank- und Kopplungssystem geliefert werden. Außerdem wurde mit dem datagraph **Starset** (20-Zoll-Monitor Colorstar + Interfaceleiterkarte Pixelstar) die Möglichkeit angeboten, einen PC/XT, /AT oder PS/2-Modelle mit Mikrokanal zu einer Grafikworkstation mit den Leistungsmerkmalen der Starstation umzurüsten.

Gekoppelt mit dem **P8000 compact** vom Kombinat Elektro-Apparate-Werke Berlin stellte die Tektronix GmbH Köln das Netzwerk-Farbgrafikterminal **Tek 4211** aus (Bild 7). Es ist mit zwei 32-Bit-Prozessoren bestückt: Den schnellen Bildaufbau und die hohe Auflösung (1024 × 768 Punkte) verdankt es einem neuen Grafikcontroller mit dem 34010 von Texas Instruments und drei Gate-Arrays von Tek. Ein- und Ausgabe sowie das Datenmanagement werden vom i80386 SX gesteuert.

Auf dem 15-Zoll-Bildschirm können 16 Farben aus einer Palette von 4096 dargestellt werden. Außerdem sind drei RS 232C-Anschlüsse, eine Centronics-Schnittstelle, 0,75 MByte RAM und eine VT200-Tastatur vorhanden. Neben einem breiten Softwareangebot ist optional ein 19-Zoll-Bildschirm, 256 aus 16,7 Mio Farben, ein Ethernet-Anschluß, ein Koax-Anschluß mit IBM-kompatibler Tatstatur, zusätzlich 2 MByte RAM, eine Maus sowie Rändelräder möglich.

Die Siemens AG hatte schon vor Jahren zur durchgängigen Informationsverarbeitung im gesamten Unternehmen ihr umfassendes Konzept CAI – Computer Aided Industrie entwickelt. Ein Bestandteil dessen ist das in Leipzig gezeigte Softwaresystem **SILINE** auf der Bürocomputerbasis C 30 unter dem Betriebssystem BS 2000. Auf einem Grundsystem können die jeweils benötigten Softwarekomponenten wie Bausteine so zusammengefügt werden, daß bei Erweiterungen die bereits vorhandenen Daten erhalten bleiben; eine durchgängig einheitliche Benutzeroberfläche erleichtert dabei die Systembedienung. SILINE 200 bietet zur Zeit die betriebswirtschaftlichen Bausteine PP für die flexible Produktion, PU für wirtschaftliche Beschaffung, SA für den Vertrieb, PM für das Personalwesen und AC für eine entscheidungsorientierte Buchhaltung. Zur informationstechnischen Verbindung von Fabrik, Büro und Umwelt gibt es darüber hinaus Kopplungsschnittstellen zum Werkstattsteuerungssystem BORA-X, zum Bürokommunikationssystem OCIS und zum CAD-System CADIS. Mittels **CADIS** wurde in Leipzig auf der Grundlage des grafischen Arbeitsplatzes 9733 und der BS-2000-Rechner C 30 der Ablauf einer mechanischen Konstruktion gezeigt (Bild 8). Für unterschiedliche Bearbeitungen stehen dabei Softwareprodukte zum Beispiel für Drehteile, Bohr- und Frästeile oder Blechteile als Verfahrenskette zur Verfügung; auch gibt es Software zur komfortablen Variantenkonstruktion. Selbstverständlich stehen am Ende der Kette NC-Programme zur Steuerung der Maschinen.

Computertechnik

Auch in diesem Jahr hatte eine Vielzahl von Ausstellern neue Hardware zu bieten. Zwar war die Fülle von PCs verschiedenster Länder des vergangenen Jahres diesmal nicht zu beobachten – die beeindruckende Präsentation Taiwans fehlte beispielsweise völlig –, doch waren erstmals westliche Firmen mit 32-Bit-Computern vertreten. So wurde der Generalsekretär des ZK der SED und Vorsitzende des Staatsrates der DDR, Erich Honecker, während seines Messerundganges vom Botschafter der USA, Richard Clark Barkley begrüßt, der seinen Gast über die von renommierten US-Firmen präsentierten Hochtechnologien informierte. Als Beispiel nannte der Botschafter den 32-Bit-Computer der Firma Intraco, der zur Frühjahrsmesse erstmals in Osteuropa zu sehen war. (Dieser Computertyp ist als Zentraleinheit übrigens Bestandteil des im folgenden genannten Rechnersystems Adria.)

Die jugoslawische Firma Iskra Delta stellte in Leipzig einen neuen DEC-kompatiblen 32-Bit-Rechner vor. Der **ADRIA DOA-V31** (Bild 9) besitzt eine CPU MicroVAX II von der Digital Equipment Corporation (DEC), einen Gleitkomma-Koprozessor, 1 MByte RAM, eine 335-MByte-Harddisk, einen Streamer und eine Echtzeituhr. Er wurde für eine große Zahl von Anwendungen, wie Echtzeitanwendungen, Büroautomatisierung und Programmentwicklung ausgelegt. Er arbeitet mit einem erweiterten Q-Bus und benutzt als Betriebssystem das UNIX-kompatible DELTA/V. Der ADRIA kann als Teil eines Netzwerkes durch Verwendung eines Ethernet-Q-Bus-Interfaces betrieben werden.

Auch die Firma IBM war mit einem vielseitig einsetzbaren Minicomputersystem in Leipzig vertreten. Das Mehrplatzsystem **IBM 5363** eignet sich vorrangig für dezentrale Rationalisierungsaufgaben, bietet aber auch die Möglichkeit der Kopplung mit Großrechnern über eine Datenfernübertragung oder mit anderen Rechnern über LAN-Anschlüsse. Demonstriert wurde der Einsatz des IBM 5363 als Fileserver (Bild 10). Er kann mit 16 lokalen Datenstationen (28 mit Erweiterung) sowie mit bis zu 64 entfernten Datenstationen arbeiten. Er besitzt zwei bis vier Prozessoren, 1 oder 2 MByte RAM, eine Festplattenkapazität von 65 bis 420 MByte und ein 5,25-Zoll-Diskettenlaufwerk mit 1,2 MByte. Durch seine Kompatibilität mit der IBM System/36-Familie steht für den IBM 5363 eine große Softwareauswahl zur Verfügung.

Elorg-Data Helsinki stellte die PDP-11-kompatiblen 16-Bit-Minicomputer im Towergehäuse E-60/ED und E-102 (siehe Bild unten) aus. Sie stellen eine sowjetisch-finnische Gemeinschaftsarbeit dar. Der **E-60/ED** enthält einen RAM von 256 KByte bis 4 MByte, ein 5,25-Zoll-Floppylaufwerk mit 1 MByte, eine 5,25-Zoll-Harddisk mit 20 bis 80 MByte und einen Streamer mit 20 bis 60 MByte. Als serielle Schnittstelle dienen RS 232 und 20-mA-Stromschleife. Der E-60/ED ist kompatibel zu den Minirechnern CM4, CM5 und CM1420. Seine Betriebssysteme sind OS-RW, MIOS, RAFOS/FODOS und das UNIX-kompatible INMOS.
Der **E-102** arbeitet mit dem Mikroprozessor J11, einem RAM von 512 KByte bis 4 MByte, einer 5,25-Zoll-Floppy-Disk mit 800 KByte, einer 5,25-Zoll-Harddisk mit 40 bis 300 MByte und mit einem 40-MByte-Streamer. Er ist mit dem E-60/ED kompatibel; seine Betriebssysteme sind OS-RVM, MIKROS, FODOS 3 und UNIX/VENIX.

Der VEB Elektro-Apparate-Werke „Friedrich Ebert" Berlin-Treptow war der erste Betrieb der DDR, der mit

Fotos: Hemke, Weiß

dem **P8000 compact** (siehe Bild oben) einen Mikrorechner mit dem neuen 16-Bit-Prozessorsystem U80600 entwickelt hat. Der P8000 compact und das Prozessorsytem U 80600 wurden bereits in MP 5/1989 ausführlich vorgestellt.

Der niederländische Computerproduzent Tulip, mit dem beziehungsreichen Namen und Firmenlogo, stellte erstmals in Leipzig aus und hatte mehrere seiner Modelle mitgebracht. Die Firma wurde 1976 als Beratungsunternehmen für den professionellen Mikrocomputereinsatz gegründet und produziert heute ein breites Spektrum, vor allem im PC-Sektor. Nach Steigerungsraten von jährlich etwa 200 % sollen in diesem Jahr 300 000 PCs produziert werden; 1987 waren es 31 000. Dabei setzt die Firma auf fortschrittliche Technik und Entwicklung, beispielsweise mit dem Einsatz selbstentwickelter ASICs. Nach eigenen Angaben war Tulip vor etwa zwei Jahren der erste europäische Anbieter eines PCs mit dem 80386-Prozessor und vor etwa einem Jahr eines PCs mit dem 80386SX-Prozessor. Über den at 386sx (im Bild 11 rechts) werden wir zu einem späteren Zeitpunkt etwas ausführlicher berichten; zunächst zu den ebenfalls gezeigten Modellen pc compact 2 und at compact 2. Die Namen deuten bereits auf das Mini-Maß der Gehäuse hin: 30,5 cm breit, 37,5 cm tief und 14 cm hoch. Trotzdem ist noch Platz für 5 Steckplätze voller Länge (beim at compact 2 ein 8-Bit-PC-Steckplatz und vier 16-Bit-AT-Steckplätze). Der **pc compact 2** arbeitet mit dem 8088-kompatiblen Prozessor V20 von NEC und ist dank maximaler 9,54 MHz (umschaltbar auf 4,77 und 7,15 MHz) und Zero Wait States schneller als viele andere Kompatible. Als Extras wurden in Leipzig die Grafikmöglichkeiten im VGA-Standard demonstriert.
Auch der **at compact 2** (im Bild 11 links) zählt mit 12,5 MHZ bereits zu den schnellen 286er ATs, ebenfalls ohne Wartezyklen arbeitend. Der RAM beträgt 640 KByte. Diskettenlaufwerke können im 5,25-Zoll-Format (360 KByte oder 1,2 MByte) und 3,5-Zoll-Format (720 KByte oder 1,44 MByte) verwendet werden; 3,5-Zoll-Harddisks gibt es mit 20 MByte (30 ms Zugriff, ST 506), 40 MByte (25 ms Zugriff, ST 506), und 60 MByte (25 ms Zugriff, RLL). Neben dem Mausanschluß gibt es eine serielle Schnittstelle (RS 232C), ein paralleles Centronics-Interface sowie einen weiteren parallelen Anschluß des Dual-Grafikadapters für einen zusätzlichen Monitor. Dies kann ein Monochrom- oder ein RGB-Monitor sein, wobei Hercules und CGA unterstützt werden. Vorhanden ist auch ein Enhanced Grafikadapter (TEVA) für das EGA-Format mit 640 × 350 Punkten Auflösung. Zum Standardlieferumfang der Software gehören das Betriebssystem MS-DOS 3.x, der GW-Basic-Interpreter mit grafischen Möglichkeiten, MS-Windows als benutzerfreundliche Bedienoberfläche, das Textverarbeitungsprogramm MS-WRITE sowie der Grafikeditor MS-PAINT.

Im vergangenen Jahr war die Firma Ensch Computer Service mit einem XT-kompatiblen PC vertreten; zur diesjährigen Messe hatte das Handelshaus aus Luxemburg einen 286er Laptop und als Spitzenprodukt einen AT-kompatiblen Tower mit einem 386er Prozessor mitgebracht. Für den Entec **EPC 386** (Bild 12, links) bietet sich aufgrund der hohen Leistung der Einsatz als Fileserver oder als Stand-alone-Workstation an. Der Prozessor 80386 läuft mit 16 bzw. 20 MHz und ist wahlweise hardware- und softwareumschaltbar. Ein Steckplatz für den 80287/80387-Koprozessor ist vorhanden. Der 2-MByte-RAM ist auf 4 oder 8 MByte erweiterbar; der ROM beträgt 64 KByte. Als Massenspeicher können darüber hinaus 5,25-Zoll-Floppies mit 1,2 MByte, 3,5-Zoll-Floppies mit 1,44 MByte und eine Festplatte mit bis zu 80 MByte genutzt werden. Die Software enthält MS-DOS 3.3 und GW-Basic.
Der Laptop Entec **EPC LA 20** (Bild 12, rechts) ist mit einem 80286-Prozessor mit 10 MHz ausgestattet und hat einen Sockel für den 80287-Koprozessor. Das 5,9 kg schwere Gerät beinhaltet bereits zwei von rechts zugängliche 3,5-Zoll-Floppylaufwerke mit je 720 KByte sowie als Option eine 20-MByte-Festplatte. Der RAM umfaßt 640 KByte, erweiterbar um 2 MByte, und der ROM 32 KByte. Das Supertwist-LCD ermöglicht eine Auflösung von 640 × 200 Punkten; ein Anschluß für einen externen Farbmonitor (640 × 200 Punkte) oder einen Monochrommonitor (720 × 348 Punkte) ist vorhanden.

Der japanische Hersteller Epson war auch in diesem Jahr wiederum nicht nur mit Druckern vertreten – die seinen weltweiten Ruf begründeten –, sondern auch mit einer reichhaltigen Auswahl von Computern. Beispiels-

weise mit dem schon im Vorjahr gezeigten und jetzt mit Messegold ausgezeichneten modularen Handheldcomputer PX-16 (vorgestellt in MP 9/88) und dem ersten PS/2-kompatiblen PC von Epson, dem **PSE 30** (Bild 13). Letzterer ist ein zum PS/2 Modell 30 voll kompatibler PC – also mit dem Prozessor 8086-1 (8 oder 10 MHz; ohne Wartezyklus) und ohne Mikrokanal. Die gelungene Gestaltung des kompatiblen PCs wurde mit der Medaille für gutes Design honoriert. In dem nur etwa 35 × 40 × 12 cm^3 (B × T × H) großen Gehäuse haben parallel zur Mutterplatine (ca. 19 × 28 cm^2) noch vier lange Steckkarten Platz. Als Floppies werden 1 oder 2 3,5-Zoll-Laufwerke mit 720 KByte, als Harddisk ein 20-MByte-Laufwerk verwendet. Hier wird die Hürde deutlich, die aus den bisher üblichen 5,25-Zoll-Disketten resultiert und durch vorheriges Überspielen auf 3,5-Zoll-Disketten gemeistert werden muß. Der RAM im PSE 30 umfaßt 640 KByte, der ROM 64 KByte. Die Bildschirmausstattung enthält als Coloradapter standardmäßig MCGA (Multi Color Graphics Array) und als Option VGA (Video Graphics Array).
Weiterhin zeigte Epson seinen XT-kompatiblen **PC-Portable** (Bild 14), dessen V30-Mikroprozessor von NEC kompatibel zum 8086 ist und von 4.77 auf 10 MHz umgestellt werden kann. Als Standard enthält der Portable ein 3,5-Zoll-Diskettenlaufwerk mit 720 KByte; als Option ein zweites oder eine 20-MByte-Festplatte. Um auch 5,25-Zoll-Disketten nutzen zu können, läßt sich die Centronics-Schnittstelle als Anschluß für ein externes Laufwerk umprogrammieren. Im Gerät sind zwei 8-Bit-Steckplätze im Epson-Format vorhanden, wobei ein Platz mit dem Festplattencontroller zu belegen ist. Wenn über den RGB-Anschluß ein externer Farbmonitor verwendet werden soll, läßt sich das hintergrundbeleuchtete Supertwist-LCD (640 × 200 Punkte, CGA) abnehmen.
Der RAM des Portable hat 640 KByte, der ROM 16 KByte. Der Betrieb erfolgt wahlweise am Netz, über einen 12-V-Adapter oder mit den integrierten acht NiCd-Akkus, die bei Floppybetrieb etwa 5 Stunden und bei Festplattenbetrieb etwa 2 Stunden lang den notwendigen Strom liefern (Ladezeit 12 Stunden).

Zum zweitenmal auf der Leipziger Messe vertreten war das brasilianische Unternehmen Itautec, diesmal mit Druckern und einem XT-kompatiblen PC. Der **IS 30 plus** (Bild 15) enthält einen 8086-2-Mikroprozessor, der mit 4,77 oder 8 MHz getaktet werden kann (ohne Wartezyklus). Nachrüstbar ist der Arithmetikprozessor 8087-2. In der Standardausstattung enthält der RAM bereits 896 KByte, wobei 256 KByte für den Bildschirm genutzt werden. Bei Verwenden des EMS-Standards kann der RAM auf Erweiterungskarten bis zu 6 MByte ausgebaut werden. Insgesamt sind 3 Standard-PC-Slots verfügbar sowie eine parallele (Centronics) und zwei serielle (RS 232C) Schnittstellen. Standardmäßig ist ein 12-Zoll-Schwarzweißmonitor im EGA-Modus (640 × 350 Punkte) mit 16 Graustufen; möglich sind aber auch CGA, MDA, VGA, Hercules und Plantron. Als Betriebssystem wird das MS-DOS-kompatible SISNE Plus 3.3 mitgeliefert.

Mit den auf der 4. Umschlagseite vorgestellten PCs wird ein Wandel deutlich, der sich bei vielen Herstellern abzeichnet. Sowohl Schneider als auch Commodore und Atari sind seit geraumer Zeit bestrebt, sich vom Image eines Heimcomputerproduzenten zu lösen und im Profi-PC-Markt Fuß zu fassen. Bei der Schneider AG, die erstmals in Leipzig ausstellte, wurde diese Entwicklung 1986 eingeleitet mit den PC-kompatiblen Modellen PC 1512 und PC 1640. Ein neues Konzept hatte im Vorjahr dann den EuroPC und den Tower AT zur Folge; inzwischen ist auch ein Laptop im Programm, allerdings nicht aus eigener Entwicklung und Produktion.
Der **EuroPC** (Bild 16) wird als „Einsteiger-PC" angesehen und fällt durch seine eigenwillige Gestaltung auf. Das Grundgerät enthält die Tastatur und ein 3,5-Zoll-Diskettenlaufwerk mit 720 KByte. Außerdem die CPU 8088-1 mit 9,54 / 7,16 / 4,77 MHz, 512 KByte RAM und 32 KByte ROM. Andere Massenspeicher, die auch von Schneider beziehbar sind, müssen extern betrieben werden. Beispielsweise ein weiteres 3,5-Zoll- oder ein 5,25-Zoll-Floppylaufwerk und eine externe 20-MByte-Harddisk, wofür je ein Anschluß vorhanden ist. Außerdem gibt es je eine parallele (Drucker), serielle (RS 232C) und Maus-Schnittstelle. Platz ist im Grundgerät außerdem noch für eine 8-Bit-Steckkarte halber Länge. Bei Verwendung eines 12-Zoll-Schwarzweißmonitors wird die Herculesgrafik genutzt (720 × 348 Punkte), bei einem 14-Zoll-Colormonitor die CGA-Grafik mit 640 × 200 Punkten bei 4 Farben, 320 × 200 Punkten bei 16 Farben und im Alphamodus mit 40 × 25 oder 80 × 25 Zeichen und 16 Farben. Die Software umfaßt MS-DOS 3.3, MS-GW-Basic und MS-Works für Textverarbeitung, Kalkulation, Datenbankbetrieb, Grafik und Kommunikation.

Zur Abrundung der Produktpalette dient seit kurzem der **Portable AT** (Bild 17). Charakteristisch ist bei dem Modell der Plasmabildschirm mit einer maximalen Auflösung von 640 × 400 Punkten (CGA mit Doublescan); außerdem läßt sich ein externer Farbmonitor anschließen. Die 80286-CPU arbeitet mit 8 MHz, optional ist ein 80287-Koprozessor. Der 640-KByte-Standard-RAM ist mittels RAMcard auf 2,6 MByte erweiterbar; der ROM beträgt 32 KByte. Ein 3,5-Zoll-Diskettenlaufwerk (720 KByte) und eine 20-MByte-Festplatte sind bereits eingebaut, extern läßt sich ein weiteres 3,5-Zoll- oder ein 5,25-Zoll-Diskettenlaufwerk (1,2 MByte) betreiben. Außerdem gibt es eine parallele und eine serielle Schnittstelle. Für Erweiterungen ist noch ein freier Slot vorhanden. MS-DOS 3.3, MS-GW-Basic und MS-Works gehören zum Lieferumfang.

Bis zur diesjährigen CeBIT in Hannover – wo erstmals ein 386er PC gezeigt wurde – stellte der **Tower AT** (Bild 18) das Spitzenprodukt in Schneiders neuer PC-Linie dar. Auch dieses Gerät hebt sich dank seiner äußeren Erscheinung von anderen Kompatiblen deutlich ab. So werden die Erweiterungsmodule seitlich an das Grundgerät „angedockt". Während in den Versionen 201, 202 und 220 die 80286-CPU mit 10 MHz verwendet wird, ist das Modell Tower AT 260 mit einer 12,5-MHz-CPU ausgestattet; jeweils ohne Wartezyklen arbeitend. Der Hauptspeicher umfaßt 512 KByte DRAM, auf der Hauptplatine auf 1 MByte erweiterbar, sowie 96 KByte ROM mit dem Phoenix- und EGA-BIOS. Weitere Speicher sind ein 3,5-Zoll-Diskettenlaufwerk mit 720 KByte (1,44 MByte beim AT 260) und eine 3,5-Zoll-Festplatte mit 20 MByte (60 MByte, 25 ms Zugriff beim AT 260). Der modulare Aufbau erlaubt neben 4 freien Steckplätzen (3 × 16 Bit AT, 1 × 8 Bit PC, beim AT 260 1× durch Festplatten-Controller belegt) für Erweiterungskarten den externen Anschluß von einem 5,25-Zoll-Diskettenlaufwerk (1,2 MByte) und einem Streamer mit 40 MByte. Darüber hinaus gibt es eine parallele (Drucker), eine serielle (RS 232C) und eine Maus-Schnittstelle. Die Hauptplatine enthält einen Multifunktions-Grafikchip als Videoadapter für folgende Modi: MDA, Monochrom-Hercules, CGA, EGA und Hi-Res-Grafik. Bei der hochauflösenden HiRes-Grafik (High Resolution) bedeutet das beispielsweise unter Verwendung eines Multiscanmonitors eine Auflösung von bis zu 800 × 600 Punkten (16 aus 64 Farben). Die Bildwiederholfrequenz von 70 Hz gewährleistet dabei ein flimmerfreies Bild. Durch die automatische Erkennung des angeschlossenen Monitors (monochrom, CGA oder Multiscan) erübrigen sich die sonst üblichen DIP-Einstellungen. Als Bildschirm stehen 12-Zoll-Monochrom-, 14-Zoll-CGA- bzw. -EGA- und ein Hochleistungs-Multiscan-Monitor zur Auswahl. Zum Systemumfang gehören auch beim TowerAT die Software MS-DOS 3.3, MS GW-Basic und MS-Works.

Sowohl mit der Produktpalette von Commodore als auch mit der Organisationsstruktur des Unternehmens sieht sich Winfried Hoffmann, Vice President Central European Region, wie er auf einer Pressekonferenz erklärte, gut gerüstet für die 90er Jahre. Zwar hatte die Firma 1988 noch einmal einen nicht mehr erwartet hohen Absatz des Heimcomputerveteranen C 64 zu verzeichnen, doch belegt die Entwicklung des UNIX-Amiga, des Transputerboards für den Amiga und von 386er PCs den Anspruch Commodores im Profibereich. In Leipzig wurden auf einem vergrößerten Stand die Modelle C 64, C 128, PC 10-III/20-III, PC 40-III, Amiga 500 und Amiga 2000 gezeigt. Hier die Daten des neuen Commodore-ATs, des **PC 40-III** (Bild 19). Er stellt den überarbeiteten Nachfolger des PC 40 dar und fällt vor allem durch das verkleinerte Gehäuse auf (146 × 381 × 356 cm^3). Damit verbunden ist allerdings die Einschränkung auf 4 freie Steckplätze (1 × PC, 3 × AT). Die Taktfrequenz des 80286-Prozessors ist zwischen 6, 8 und 12 MHz umschaltbar (daher III), ein Sockel für den 80287 ist auf der Platine vorhanden. Standardmäßig ist 1 MByte RAM, so daß neben den 640 KByte MS-DOS 384 KByte beispielsweise als RAM-Disk genutzt werden können. Der RAM läßt sich auf der Hauptplatine bis 8 MByte erweitern. Ebenfalls auf der Hauptplatine befinden sich jetzt Video-Controller und Grafik-Adapter. Durch Einsatz des VGA-Chips PVGA von Paradise ist auf dem standardmäßigen 14-Zoll-Monochrommonitor eine Auflösung von 924 × 400 Punkten bei einer Bildwechselfrequenz von 70 Hz möglich. Die Modi MDA, CGA, Hercules und EGA werden emuliert (das Foto zeigt den 40-III mit Wyse-Monitor und VGA-Darstellung).
Als Massenspeicher sind eine 40-MByte-Festplatte (28 ms schnell) sowie ein 5,25-Zoll-Diskettenlaufwerk mit 1,2 MByte eingebaut; als Option gibt es auch ein 3,5-Zoll-Diskettenlaufwerk mit 720 KByte oder 1,44 MByte. Zu der seriellen und der parallelen Schnittstelle kam nunmehr ein Maus-Interface hinzu.

Mit einer Vielzahl neuer Computer ergänzte Atari die Produktpalette sowohl im ST-Bereich als auch bei kompatiblen PCs. Es werden jetzt zwei in sich geschlossene Linien geboten, die alle Nutzergruppen – vom Einsteiger bis zum Profianwender – berücksichtigen sollen. Die Eckpunkte dürften dabei der neue „erste MS-DOS-kompatible Pocketcomputer" PC Folio und die Transputer Workstation ATW bilden – beides übrigens Geräte, die zwar in den Presseinformationen angekündigt, jedoch nicht auf dem Ataristand präsent waren. Die wichtigste Produktgruppe bleiben für Atari in der BRD die ST-Modelle mit 71,6 Prozent des Umsatzes, gefolgt von MS-DOS-Computern mit 12,2 Prozent. Zwar konnte das Betriebsergebnis der Atari Computer GmbH 1988 um 8,7 Prozent verbessert werden, dennoch meinte Geschäftsführer Alwin Stumpf: „Die 1988 erzielten Zahlen stellen nicht das wahre Marktpotential dar, wenn man berücksichtigt, daß wir monatelang mit den Lieferungen hinter den Bestellungen zurücklagen, weil die Verfügbarkeit von DRAMs nicht mit der Nachfrage Schritt halten konnte".
Mit dem neuen **PC 5** (Bild 20) war Atari zur LFM einer der ersten Aussteller von 32-Bit-Personalcomputern. Der PC 5 verfügt über den Intel-80386-Prozessor, der bis zu 16 MHz getaktet werden kann. Der Hauptspeicher umfaßt 2 MByte RAM, der auf der Hauptplatine bis zu 8 MByte erweiterbar ist. Der Cache als schneller Zwischenspeicher hat 64 KByte. Die Massenspeicher sind eine 5,25-Zoll-Floppy mit 1,2 MByte und eine 60-MByte-Festplatte (28 ms Zugriffszeit). Als Erweiterungssteckplätze sind im Gehäuse 4 AT-Slots und 1 PC-Slot vorhanden. Verfügbare Videoadapter sind CGA, EGA, MDA, Hercules und VGA. Als Interfaces gibt es eine parallele Centronics- und zwei serielle RS-232C-Schnittstellen. Zum Lieferumfang gehören MS-DOS 3.3, MS-GW-Basic und MS-Windows 386.

H. Hemke, H.-J. Hill, H. Weiß

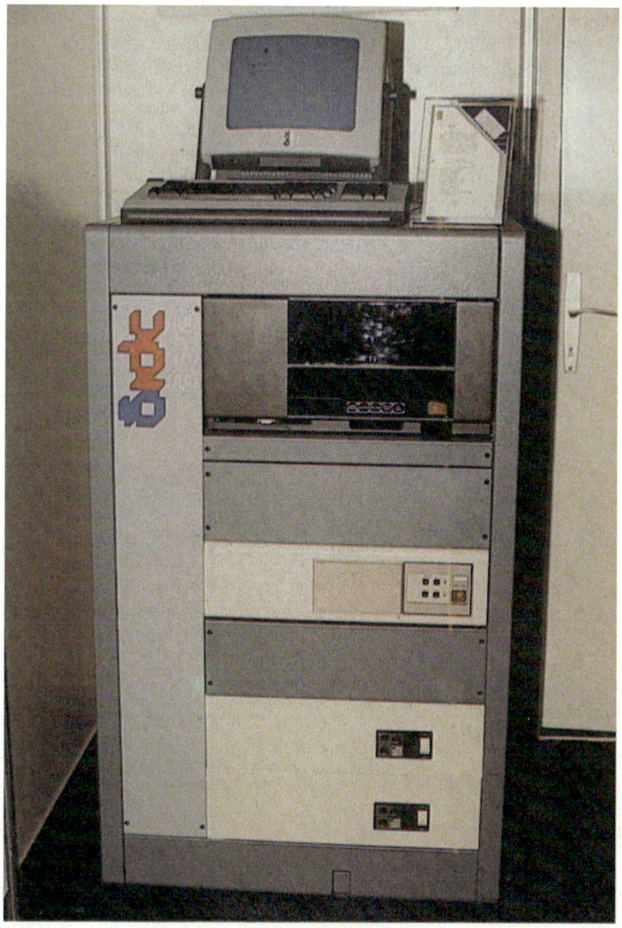

32-Bit-Mikrocomputer ADRIA von Iskra Delta

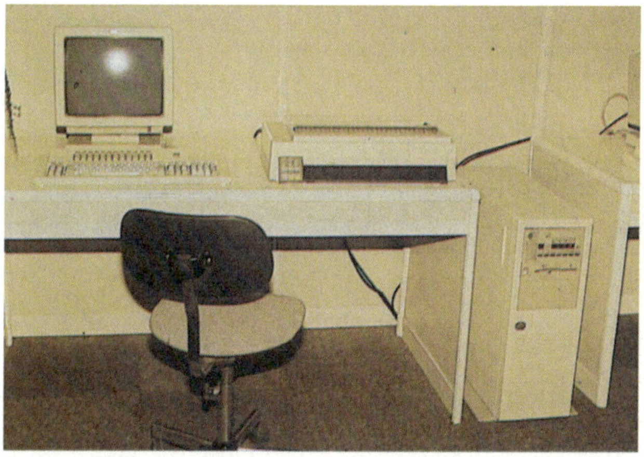

10 *Mehrplatz-Computersystem IBM 5363*

11 *Im Zeichen der Tulpe: Der Stand von Tulip*

2 ENTEC EPC 386 und Laptop LA 20

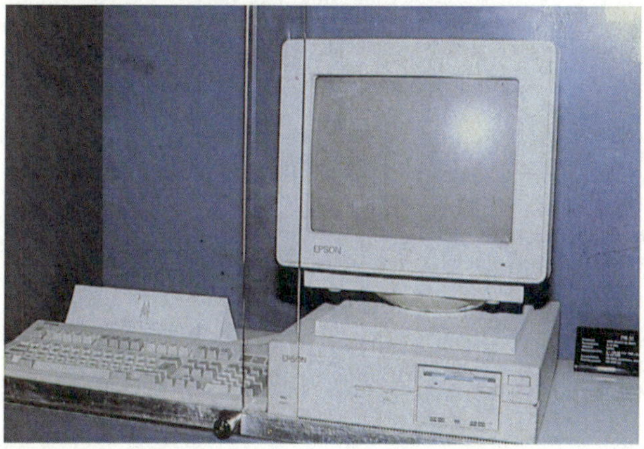

13 *Epson PSE 30*

Epson PC Portable

15 *Itautec IS 30 plus*

ISSN 0232-2892
Mikroprozessortechnik, Berlin 3 (1989) 7
S. 193–224

16 ***Schneider EuroPC***

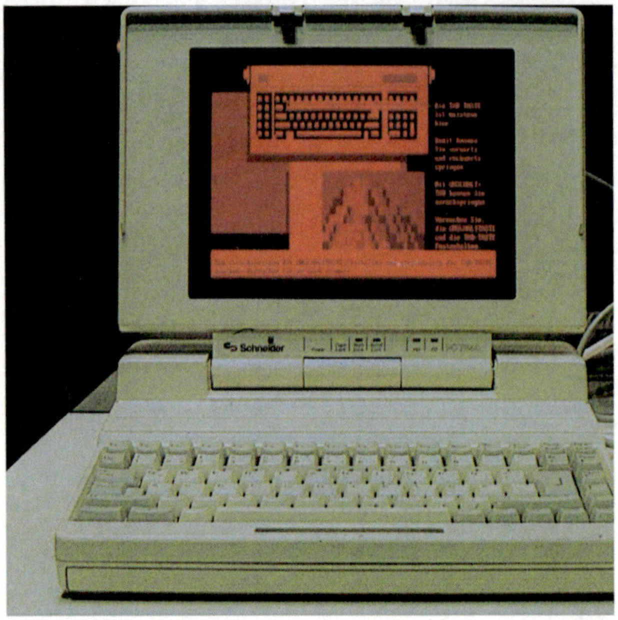

17 ***Schneider PortableAT***

Lesen Sie hierzu unseren Bericht von der LFM '89

18 ***Schneider TowerAT***

LFM '89

19 *Commodore PC 40-III*

20 *ATARI PC 5*